VW 1302/1303

DIE EVOLUTION DER SUPER-KÄFER

Alexander F. Storz

Motor
buch
Verlag

Einbandgestaltung: Luis dos Santos

Bildnachweis: Heide Marie von der Au, Südafrika (2), Jens-Peter Berthmann, Mark Bozich, USA (1),
Wayne Dean, Kanada (1), Theo Decker, TDE-Tuning (4), Frank Dolz (2),
Chris Driver, England (1),
Dino Graf (AMAG Automobil- und Motoren AG, CH) (1),
Manfred Grieger (Volkswagen AG,
Historische Kommunikation) (19), Uwe Heinritz, Klaus Holl (2),
Bill Schuler, USA (14), Colin
Shinkin, USA (5), Florian Sauer (1), Alexander Franc Storz (31),
Archiv Storz (101), Jens Torner
(Porsche-Archiv) (13), Friedrich Triebl (Porsche Austria) (1).

ISBN: 978-3-613-04197-4

1. Auflage 2019

Sie finden uns im Internet unter www.motorbuch-verlag.de

Lektorat: Joachim Kuch
Innengestaltung: Anita Ament
Druck und Bindung: DZS Grafik, 1210 Ljubljana
Printed in Slovenia

Inhalt

Einleitung

Weniges im Leben ist nicht der Veränderung unterworfen. Es hat Bestand und gibt dem Menschen Halt. Im Idealfall gehören dazu Familienbande, das Elternhaus, vielleicht ein Lebensbaum. Auch eine Leidenschaft kann unumstößlich sein, vor allem eine Sammelleidenschaft. Das kann jeder einzelne für sich beeinflussen. Dann gibt es noch Dinge, die des Menschen Willenslenkung entzogen sind, und die auch Bestand haben – die Heimat vor allem, oder eine Staatsform.
Und es gibt Produkte, die das Leben ganzer Generationen auf allen Kontinenten dieser Erde begleitet haben. Ganz oben auf dieser Liste stehen Coca Cola, McDonalds und der VW Käfer. Man mag trefflich darüber streiten, welches dieser drei Produkte weltweit am bekanntesten ist. Manchen Menschen sind solche Dinge egal, sie suchen keinen Halt im Materiellen. Aber für andere ist der Käfer immer und überall. Auch nachdem er in Europa längst vom Gebrauchsgegenstand zum Liebhaberstück mutierte, war es doch ein schönes Gefühl, zu wissen, dass der Käfer weiterhin fabrikneu vom Fließband läuft, vermeintlich auf ewig, wenn auch im fernen Mexiko. Über Selbstverständlichkeiten denkt der Mensch nicht häufig nach, und die Käfer-Produktion war eine solche. Hatte man sie sich ins Bewusstsein gerufen, so strahlte diese Gewissheit eine warme Ruhe aus.
Bis zum 30. Juli 2003. Der letzte Käfer lief vom Band. Unwiderruflich. Es war der 21.529.464ste. Die Ruhe wich der Melancholie. Wirklich überrascht war niemand. Jeder wusste, dass ein weltweit operierender Konzern wie Volkswagen keine Modellreihe aus Liebhaberei aufrecht erhält, wenn damit nicht auch Geld zu verdienen ist. Und doch spielte beim Volkswagenwerk sicher auch ein wenig Sentimentalität mit, wenn die Antwort auf die oft gestellte Frage nach dem Produktionsstopp wieder und wieder nach hinten verschoben wurde. Gerade durch seine Komplexität lässt sich einem Leviathan wie dem Volkswagen-Konzern ein menschlicher Zug andichten, eine Art Seele. Und deshalb ist sich der Konzern seiner Wurzel bewusst. Sie heißt Käfer.
Vorliegendes Buch beschäftigt sich mit einer Unterabteilung der Gattung Käfer, mit dem Volkswagen 1302 und 1303. Das sind die höchst entwickelten Exemplare der Spezies, länger und stärker als das ursprüngliche Krabbeltier und mit einem überaus fortschrittlichen Fahrwerk versehen. Sie blieben als Limousine nur fünf Jahre im Programm, von 1970 bis 1975. Das Cabriolet wurde bis 1980 bei Karmann gebaut. Als Super-Käfer genießen beide Modellreihen, ob offen oder geschlossen, Kult-Status und sind längst Sammlerstücke mit weltweit großer Fangemeinde. Diese Seiten sind dem 1302 und 1303 gewidmet, seiner Einbettung in die Käfer-Geschichte, seiner Entwicklung, den Sonder- und Auslandsmodellen und es beschäftigt sich mit dem Super-Käfer im Alltagsbetrieb.

Ulm, im Juli 2019

Alexander Franc Storz

Die Lebensstationen eines VW 1303 von 1974 in sieben Bildern: 1983 bekam ihn der Achtzehnjährige als Gebrauchtwagen zur bestandenen Führerscheinprüfung, war sehr stolz, spendierte dem tropengrünen Käfer rote Füße und bemalte die Reifenflanken mit weißer, vulkanisierender Farbe.

Schülerurlaub nach Lothringen und ins Elsass mit Zelt und Käfer. Der Wagen war aufwändig poliert und überstrahlte mit seinem Glanz alle Artgenossen.

»Wir trennen uns nie«, stand fest, und so wurde der VW 1986 eingescheunt. Die Scheune war so klein, dass die vordere Stoßstange weichen musste, um das Tor zu schließen. Trotz Staubschicht: Der Glanz ist unverkennbar, auch noch nach unberührten Jahren.

Nach zehn Jahren Dornröschenschlaf das sanfte Erwachen. Aus dem Schüler ward über das Studium ein berufstätiger Mensch mit Geld in der Tasche, und der geliebte und unvergessene Käfer sollte gründlich revidiert und zum neuen Leben erweckt werden.

Mit zwei linken Händen gesegnet, wurden selbige nicht selbst angelegt. Ein Profi durfte ran. Generalrevision (andere sagen: Restaurierung), zerlegen bis zur letzten Schraube, natürlich das Häuschen vom Fahrgestell getrennt.

So gut er aussah, so schlecht war er. Viel Arbeit, ein einjähriger, unverzagter Prozess. Teuer! Die Wiederherstellungskosten überstiegen den Marktwert bei weitem. Aber darum ging es nicht. Es war das erste, eigene Auto. Der ideelle Wert ist nicht in Mark und Pfennig zu messen.

Zinngraumetallic statt Tropengrün, zeitgenössische Extras wie die schwarzen Elefantenfüße sind heute fast schon wieder historisch (zumindest aus der Mode), viel Lametta, erneut rote Füße. 1996 erstrahlte der VW 1303 in neuem Glanz, und so sieht er heute noch aus.

Stammbaumforschung:

Die Geschichte des VW Käfer von 1938 bis 2003

Von Porsches Prototypen zum KdF-Wagen

Während des ersten Vierteljahrhunderts seiner Existenz war das Automobil ein Luxusgegenstand, für die Massen blieb es ein Traum. Die Konstruktion eines Autos für das Volk, eines »Volkswagens« im wahren Sinne des Wortes, wurde zur erstrebenswerten Herausforderung für die Ingenieure aller Industrieländer. Auch Ferdinand Porsche dachte darüber nach. Seine Konstruktionen wurden in der ersten Hälfte der 30er Jahre als Prototypen bei Zündapp (Porsche Typ 12, drei Exemplare 1932) und NSU (Porsche Typ 32, drei Stück 1933/34) umgesetzt. In Deutschland wollte Reichskanzler Adolf Hitler, selber ein Auto-Fan, das Volk motorisieren. Im Auftrag des Reichsverbandes der Automobilindustrie erarbeitete Porsche ein Exposee über die Eckdaten eines künftigen Volkswagens. Im Sommer 1934 lag es vor, wurde abgesegnet und Porsches Konstruktionsarbeiten begannen – völlig unabhängig von einem bestehenden Autohersteller. Die Reichsregierung gab vor, 100.000 Wagen pro Jahr sollten zum Stückpreis von 1000 Reichsmark produziert werden.

Den ersten Porsche-Typ-60-Prototypen V 1 (Limousine) und V 2 (Cabriolet) von 1935 folgten drei weitere, die im Februar 1936 bereitstanden (VW 3). Ausgiebige Weiterentwicklungen und Testfahrten mündeten 1936/37 in einer Versuchsserie von 30 Fahrzeugen (VW Serie 30). Aus dem neuerlichen, groß angelegten Testprogramm resultierte 1938 die VW-38-Serie, der so genannte KdF-Wagen und somit der Käfer in seiner endgültigen Form: Zentralrohr-Plattformrahmen, Doppelrohre als Vorderachse, hinten Pendelachse, Drehstabfederung, Einzelradaufhängung und im Heck der luftgekühlte Vierzylinder-Boxer mit 985 cm³ und 24 PS. Karosseriedesign: Erwin Komenda. Die 1938er Volkswagen als geschlossene Limousine und mit Rolldach dienten weiterhin der Erprobung, aber auch zu Propagandazwecken. Bis Kriegsausbruch wurden 210 Stück gebaut. Sie tourten durch das Reich und animierten die Deutschen, beim Volkswagen-Sparsystem mitzumachen. Jeder Sparkarten-Inhaber sollte 5 Reichsmark wöchentlich sparen und so in den Genuss eines Volkswagens kommen. Das System stand unter den Fittichen der beiden nationalsozialistischen Organisationen Deutsche Arbeitsfront (DAF, der NS-Einheitsverband der Arbeitgeber und

Der erste VW-Prototyp war der V1 vom Juli 1935, dem der weitgehend identische V2 mit offener Karosserie folgte. Wesentliche, spätere Käfer-Merkmale waren bereits vorhanden, so der Zentralrohrrahmen, die Drehstabfederung, die vorderen Tragarme und die hintere Schwingachse. Und natürlich der Heckmotor.

-nehmer) und Kraft durch Freude (KdF, der DAF untergeordnete Dienststelle für Urlaubs- und Freizeitgestaltung). Bis zum Kriegsende hatten sich 336.638 Menschen am Sparsystem beteiligt. Keiner von ihnen erhielt je einen Volkswagen. Viele prozessierten nach dem Krieg gegen das Werk, die juristische Auseinandersetzung wurde zum Politikum und erst 1961 mit einem unbefriedigenden Vergleich beendet.
Parallel zur Volkswagen-Entwicklung entschied die Reichsregierung, eine völlig neue Automobilfabrik auf der Grünen Wiese zu bauen, denn kein bestehendes Werk hatte die Kapazitäten, den Volkswagen in der geforderten Stückzahl zusätzlich zum eigenen Programm zu fertigen. Unter der DAF-Schirmherrschaft entstand sie ab Februar 1938 zu Füßen der Wolfsburg direkt am Mittellandkanal. Wegen des Kriegsausbruches wurde bis Herbst 1939 nur ein Teil des Großprojektes fertig, genug aber, um die Serienfertigung zu starten. Sie hätte im Oktober 1939 anlaufen sollen, doch im September brach der Krieg aus. Parallel zum Volkswagen waren weitere Typen entwickelt worden, der Kübelwagen (Typ 82), der allradgetriebene Schwimmwagen in zwei Größen (Typen 128 und 166), daneben gab es Versuche mit Vierradantrieb im Kübel. Statt des KdF-Wagens baute das Werk ab 1940 große Mengen an Kübel- und Schwimmwagen. Daneben entstanden 630 KdF-Wagen für Parteifunktionäre und die Wehrmacht. Dann gab es noch die »Kriegs-Käfer«: KdF-Wagen auf Kübelwagen-Chassis mit erhöhter Bodenfreiheit, teilweise mit Vierradantrieb, ab 1943 mit 1131-cm^3-Motor mit 25 PS. Sie alle dienten, rückblickend, der Reife des Volkswagens, der nach dem Krieg gebaut wurde, zunächst unter englischer Militärherrschaft.

Die V3-Serie bestand aus drei Fahrzeugen, entstanden im Daimler-Benz-Werk Sindelfingen. Die drei absolvierten den bis dato härtesten Langstreckentest in der Automobilgeschichte: Jeder brachte in maximal 73 Tagen 50.000 km hinter sich, also 685 km täglich. Dieser V3 hat die Strapazen noch vor sich, er steht in der Auffahrt der Porsche-Villa in Stuttgart.

Die vierte VW-Serie, die VW-30-Serie, 30 Exemplare, entstanden zwischen Ende 1936 und Mai 1937. Sie legten zusammen 2 Millionen km zurück, und im Herbst 1942 wurden sie alle auf Regierungsbefehl zerstört. Dieses Exemplar trägt »Artilleriefelgen« anstelle der üblichen Stahlscheibenräder.

Grundsteinlegung für das KdF-Werk am Himmelfahrtstag 1938. Der Reichskanzler spricht, vor ihm drei V303-Prototypen (Limousine, Limousine mit Rolldach und Cabriolet). Deren Karosserie entsprach bereits völlig dem späteren Käfer, das Chassis jedoch noch nicht. Zu diesem Anlass sprach Hitler erstmals vom KdF-Wagen. Zuvor wurde vom Volkswagen gesprochen. Und danach auch wieder.

Der Schöpfer und sein Werk: Ferdinand Porsche 1940 in Prag. Der Volkswagen hatte sein definitives Aussehen und hörte zum Zeitpunkt der Aufnahme bereits auf den Namen KdF-Wagen.

Pininfarina kennt man, Giugiaro auch. Erwin Komenda kennt niemand. Dabei war er es, der das Design des VW Käfer schuf. Und überdies dasjenige des Porsche 356. Man sollte sich diesen Namen merken. Zumindest als Käfer-Enthusiast. Komenda (1904-1966) war zwischen 1931 und 1966 Leiter der Porsche-Karosseriekonstruktion.

Neubeginn unter Britischer Regie

Während des Krieges wurde das KdF-Werk zu zwei Dritteln zerstört, intakt blieb nur das Kraftwerk. Es versorgte auch die angrenzende Stadt des KdF-Wagens, im Mai 1945 in Wolfsburg umbenannt, mit Energie. Die Briten besetzten das Werk, Leiter wurde Major Ivan Hirst. Er vollzog die Umwandlung vom Rüstungsbetrieb zur zivilen Produktion und legte den Grundstein zum wirtschaftlichen Aufschwung. Die britische Militärbehörde wünschte prinzipiell eine (verhaltene) Stärke der deutschen Industrie als Teil eines gesamteuropäischen ökonomischen Aufstiegs. Das stand im Gegensatz zum von den Amerikanern zunächst propagierten Morgenthau-Plan, der Deutschland zum Agrarstaat degradieren wollte. Hirst entschied im August 1945, die Volkswagen Limousine, also den Käfer, zu bauen. Die erste Zeit war von dauernder Improvisationskunst geprägt. Es mangelte nicht nur an Material. Die Arbeitskräfte waren müde vom Krieg, demotiviert, hatten keine Wohnung und nichts zu essen, ihnen war kalt – damals schwebten

Der treuhänderische Leiter des Werkes direkt nach dem Krieg war Major Ivan Hirst (auf dem Fahrersitz), neben ihm der technische Leiter, Colonel Charles Radclyffe. Beide Betriebsleiter fuhren spezielle Volkswagen, in der VW-Sonderwagenbau-Abteilung entstanden: Hirsts Volkswagen (Bild) ähnelte dem späteren Karmann Cabriolet, Radclyffe fuhr einen roadster-ähnlichen Volkswagen, an dem sich der spätere Hebmüller-Zweisitzer orientieren sollte.

Wilde Zwitter entstanden in der ersten Nachkriegszeit, ganz nach dem Motto der sparsamen Hausfrau beim Kochen: Man nehme, so man habe. Dieser Pritschenwagen ruht auf einem Kübelwagen-Chassis mit erhöhter Bodenfreiheit und trägt Reifen mit Geländeprofil. Die Tarnscheinwerfer waren Restbestände aus Kriegszeiten.

die Deutschen völlig in der Luft; sie wussten nicht, wie die Kriegssieger mit ihnen verfahren würden.
1945/46 entstanden in Wolfsburg wüste Zwitter. Man nahm, was man hatte. So schraubten die VW-Werker Käfer-Karosserien auf ausreichend vorhandene Kübelwagen-Fahrgestelle und schufen hochbeinige und geländetaugliche Volkswagen. Im März 1946 feierten sie den tausendsten Nachkriegs-Käfer, im folgenden Oktober den zehntausendsten, aber es sollte noch Jahre dauern, bis Privatkunden einen Volkswagen (auf Bezugsschein!) erwerben konnten. Der komplette Fließband-Ausstoß war für die Besatzer als Reparationsleistung reserviert. Mit den wenigen »Überschuss-Fahrzeugen« wurden Kompensationsgeschäfte gemacht. Was war ein Käfer wert? 150 Tonnen Zement oder 200.000 Backsteine oder eben soundso viele Felgen vom Zulieferer Kronprinz oder Anlasser, Lichtmaschinen und Zündkerzen von Bosch. Geld wurde so keines verdient. Aber es ging weiter. Gleichsam war die Zukunft des Werkes ungewiss, denn die Siegermächte (USA, England und Frankreich auf der einen, die Sowjetunion auf der anderen Seite) drifteten in der Deutschlandfrage immer weiter auseinander, der »Kalte Krieg« brach aus.
Im Oktober 1947 präsentierte Hirst den VW erstmals international auf dem Pariser Salon. Es gab zusätzlich zum Standard-VW eine Export-Version mit wohnlicherer Innenausstattung, mehr Chrom und einer Glanzlackierung. Die ersten Ausfuhren gingen nach Holland. Nachdem die Bizone eingerichtet worden war, also der Zusammenschluss der englischen mit der US-Besatzungszone, strebte die britische Militärregierung danach, die deutsche Industrie wieder in deutsche Hände zu übergeben. Hirst empfahl Heinrich

Nordhoff als Generaldirektor, den ehemaligen Leiter des Opel-Werkes in Brandenburg an der Havel. Dieser übernahm am 1. Januar 1948 sein Amt. Er orientierte sich organisatorisch mit zentralisiertem Management an US-Vorbildern und duldete nichts und niemanden neben sich. Die Briten übertrugen die Kontrolle über das Werk im September 1949 dem Land Niedersachsen. Nordhoff machte aus dem Käfer nach der Währungsreform am 20. Juni 1948 das Symbol des deutschen Wirtschaftswunders.

Nachdem Ende 1947 die schlimmsten Materialengpässe überwunden waren, konnte der Export beginnen, zunächst nach Holland. Im Oktober 1947 präsentierte Hirst den Käfer erstmals im Ausland, auf dem Pariser Salon. Das war das Export-Modell mit wohnlicher Innenausstattung, mehr Chrom und einer Glanzlackierung. In der Bundesrepublik war allerdings nur der Standard-Käfer erhältlich.

Jährlich besser, niemals anders: Der Käfer zu Nordhoffs Zeiten

20 Jahre dauerte Nordhoffs Regentschaft. Zwei Ereignisse waren herausragend: Am 6. August 1955 wurde der millionste Käfer (goldmetallic lackiert, die Chromteile mit geschliffenen Glassteinen besetzt) glamourös gefeiert – und Nordhoff ließ sich selber hochleben. Er verschaffte dem deutschen Volk Räder, er war – neben Ferdinand Porsche – der Vater des Volkswagens. Und er hielt an ihm fest, fast zu lange. Ein zweites denkwürdiges Ereignis war das legendäre Spiegel-Interview im Herbst 1959, als die bissigen Journalisten Nordhoff schwer zusetzten, seine Käfer-Monokultur geißelten und ihm vorwarfen, die Zeichen der Zeit zu verkennen. Der Generaldirektor verteidigte sein »Kind« über Jahre mit Zähnen und Klauen, verwies auf den Erfolg, auf die große Nachfrage, den Export. Er verwies auch auf zahlreiche, projektierte Käfer-Nachfolger, die sich aber als nicht besser als das Original erwiesen und somit das Prototypen-Stadium nicht verlassen hatten. Unter Nordhoff eroberte der Käfer Westdeutschland und die Welt. Durch immer rationellere Fertigung gelang es ihm, den Preis peu-à-peu zu senken: von 5625 D-Mark für einen Export-Käfer im März 1949 auf 4980 D-Mark als niedrigsten Preis 1965, dann ging es wieder aufwärts, der letzte VW 1200 L 1978 kostete 8335 D-Mark. Die viele Arbeit machte Nordhoff müde, er starb im April 1968. Sein Nachfolger wurde Kurt Lotz. Unter Heinrich Nordhoff erfuhr der Käfer Jahr für Jahr eine behutsame Evolution, die ihn stets verbesserte, aber nie veränderte. Einige physiognomische und organische Meilensteine: 1949 erscheint der Volkswagen Export mit feinem Interieur, elfenbeinfarbenem Zweispeichenlenkrad, mehr Chrom, Hochglanzlackierung und hydraulischen Öldruck- statt Seilzugbremsen (beim Standard-Käfer erst ab 1962). Im selben Jahr startet die Produktion des viersitzigen Cabriolets bei Karmann in Osnabrück (bis Januar 1980) und des Zweisitzers bei Hebmüller in Wülfrath (bis April 1950). Ab 1950 bietet Volkswagen optional ein Stoff-Faltdach an. Das Wolfsburger Wappen ziert ab 1951 zehn Jahre lang die vordere Haube des Käfer Export. Der '52er Jahrgang ist an den Dreiecks-Ausstellfenstern, 15- statt 16-Zoll-Rädern und verstärkten Stoßstangenhörnern zu erkennen, die Rückleuchten haben nun zwei oben liegende Fenster für die Bremsleuchten. Die oberen Gänge sind beim Export-Käfer synchronisiert. Ab dem 10. März 1953 entfällt der Mittelsteg am Heckfenster, aus dem Brezel-Käfer wird der Ovali, der Käfer, der das Wirtschaftswunder begleiten sollte. Das war die erste, grundlegende Änderung seit 1938. Per 1954 erhöht das Werk den Hubraum von 1131 auf 1192 cm³, die Leistung steigt von 25 auf 30 PS: Das ist der VW 1200. 1955 feiert VW den millionsten Käfer, der Jahrgang ist durch höher gesetzte Rücklichter und die Doppelrohr-Auspuffanlage gekennzeichnet. Ein geänderter Tank vergrößert das Kofferraum-Volumen. 1956 erleben die Rammstoßstangen für den USA-Export ihr Debüt. 1957 erhält der Käfer ein großes, rechteckiges Heckfenster, eine größere Windschutzscheibe, ein neues Armaturenbrett und einen anders gestalteten hinteren Deckel. Beim Cabrio verlaufen die Motorhauben-Luftschlitze nun quer, die vordere und hintere Scheibe werden vergrößert. 1959 bekommt die Vorderachse einen Drehstab-Stabilisator. 1960 stellt VW den Käfer von Winkern auf Blinker um. Der Motor leistet nun 34 PS, 1961 Schneckenrollen- statt Spindellenkung, und größere Zweikammer-Schlusslichter ersetzen die kleinen Leuchten. Im August 1963 entfällt beim Export-Käfer das Faltdach zugunsten eines Stahl-Schiebedachs, die Standard-Limousine behält das Stoffdach vier Jahre länger. Die vorderen Blinker und die hintere Kennzeichenbeleuchtung werden größer. Signaltasten ersetzen den Hupring im Lenkrad. Zum Modelljahr 1965 bekommt der Käfer rundum größere Fenster dank schmalerer Holme, was den

Innenraum mit Licht durchflutet und die Sicht des Fahrers verbessert (in der Käfer-Szene wird unterschieden zwischen Dickholmern bis 1965 und Dünnholmern danach). Neu ist der VW 1300 mit 40 PS aus 1285 cm^3 und flachen Radkappen auf Lochscheibenrädern mit elfenbeinfarben lackiertem äußerem Kranz als Nachfolger des Export-Modells. Neue, wartungsfreie Vorderachse: Kugelbolzen verbinden Achsschenkel und Traghebel miteinander. Wiedereinführung des Signalhalbrings am Lenkrad. Der VW 1200 A mit synchronisiertem Getriebe ersetzt den Standard-Käfer. Der Jahrgang 1966 besticht durch eine kürzere Motorhaube mit senkrechter Kennzeichen-Grundfläche, schmaleren Zierleisten und einer Ausgleichsfeder an der Hinterachse. Der VW 1500 debütiert mit 44 PS aus 1493-cm^3 und neuer Ansaugluft-Vorwärmung sowie vorderen Scheibenbremsen. Der VW 1200 wird durch den 1300 A ersetzt, wahlweise 34 oder 40 PS. Alle Käfer erhalten eine Ausgleichsfeder an der Hinterachse und eine breitere Spur sowie ein Ein-Schlüssel-System (Zündschlüssel gleich Türschlüssel). Die USA-Version des '67ers erhält neue Vorderkotflügel mit aufrecht stehenden Scheinwerfern; die Sealed-Beam-Lichter benötigen nun keine zusätzliche Glasabdeckung mehr. Damit nimmt der US-Käfer die neu geformten Kotflügel des Europa-Käfers um ein Jahr voraus. Die »Eisenbahnschienen« halten 1967 Einzug. Diese kastenförmigen Stoßfänger sind eine Reaktion auf die US-Sicherheitsbestimmungen. Die Scheinwerfer stehen nun auch beim Europa-Modell senkrecht, in der Fronthaube befinden sich Schlitze zur Frischluftzufuhr. Ebenfalls neu: Sicherheitslenkung, Befestigungen für Dreipunkt-Sicherheitsgurte, größere Heckleuchten. Die großen Käfer 1300 und 1500 erhalten ein Zweikreis-Bremssystem und 12-Volt-Elektrik. Für den 1500er (ab 1968 auch für

Das Export-Modell als Luxusvariante für Deutschland erlebte sein Debüt im März 1949. Der Wagen im Bild, 1957 aufgenommen, wurde in seinem Leben bereits ein wenig modernisiert. Es ist ein 1950er Baujahr, noch ohne Wolfsburger Wagen auf der vorderen Haube, trägt aber die Stoßstangen des Käfers ab 1952, verstärkt, ohne Sicken und mit stabileren Hörnern.

den 1300er) gibt es eine Halbautomatik, und nur diese Fahrzeuge erhalten eine technisch aufwändige Schräglenker-Hinterachse. Der VW 1200 ist als »Sparkäfer« wieder lieferbar. Der ursprüngliche Käfer wird sich bis zum Produktionsauslauf 2003 mit Ausnahme der wesentlich größeren Heckleuchten ab 1973 nicht mehr wesentlich ändern. Er war nach einem 30jährigen Reifeprozess schlichtweg perfekt. Die 1969er Käfer haben silberfarbene Felgen. Der VW 1500 erhält zehn waagerechte Schlitze auf der Motorhaube, das Cabrio sogar 28. Für den 1300er und 1500er offeriert VW ein L-Paket mit Rückfahrscheinwerfern, Gummileisten auf den Stoßstangen, gepolstertem Armaturenbrett, Teppichboden und weiteren Goodies.

Der Herr Generaldirektor, der Chef, der Patriarch. Heinrich Nordhoff (1899-1968) machte den Käfer groß und perfekt und unschlagbar und zum Exportschlager und zu Deutschlands Lieblingsauto. Mit zwei Menschen ist das Phänomen Käfer fest verbunden, mit Ferdinand Porsche und Heinrich Nordhoff.

Am 10. März 1953 erschien der Volkswagen mit ovalem Heckfenster anstelle des Brezelfensters, der »Ovali« wurde geboren, das Symbol des westdeutschen Wirtschaftswunders. Kurz darauf, am 3. März, feierte das Werk den 500.000sten Volkswagen. Ab diesem Jahr bot VW auch Metallicfarbtöne an, und dieser Faltdach-Ovali ist in edlem Ultramaroon Metallic L276 lackiert.

Noch mit Winkern, also ohne Blinker auf den Kotflügeln, aber schon mit großem Heckfenster: Volkswagen 1200 Export 1958 mit Faltschiebedach, Nebelscheinwerfern, Radzierringen und Weißwandreifen. Ein Käfer mit Extras ist immer schön.

In den 50ern begann der Siegeszug des Volkswagen in den USA. Er wurde das Auto schlechthin für alle dortigen Nonkonformisten, die nicht dem Blech- und PS-Wahn huldigten, sondern pragmatisch dachten. Für sie war auch wichtig, dass der Käfer uneingeschränkt wintertauglich ist. Denn: Luft kocht nicht, Luft gefriert nicht. Manchmal hat sogar ein Werbeslogan recht.

Die 60er Jahre, das saturierte Jahrzehnt, der Wohlstand war bei (fast) allen angekommen. Zuerst der Käfer, dann das Eigenheim, der Umzug in den Neubau. Foto mit Symbolkraft, denn so sieht bis heute die bürgerliche Idealfamilie aus: Papa, Mama, zwei nette Kinder, ein schönes Haus, ein feiner Wagen (1961er Export-Käfer). Wer das sein Eigen nennen konnte, hatte es zu etwas gebracht.

Alles rot: Das Auto passend zur Kleidung oder die Kleidung passend zum Auto, überdies der Verdeckstoff des Faltdaches ebenfalls in Rot. 1962er Export-Käfer, nunmehr ohne Wolfsburg-Wappen auf der Haube, aber noch mit Stoffdach. Das amorphe, abgeplante Etwas auf dem Gepäckträger sieht nach Zelt mit entsprechender Infrastruktur aus.

Pfingstausflug 1966, und der vordere Käfer ist ziemlich neu, ein 1965er VW 1300 mit 40 PS aus 1285 cm³. 1965 änderte der Käfer sein Aussehen, größere Scheiben, schmalere Dachholme, die Windschutzscheibe ganz leicht gewölbt, obendrein eine neue Vorderachse. Der VW 1300 übernahm die Rolle des seitherigen 1200 Export, war also der feine Käfer.

Der Käfer in der Krise unter Lotz und Leiding

Als Kurt Lotz im Mai 1968 den verstorbenen Heinrich Nordhoff ablöste, war der Käfer nach wie vor ein Erfolgsmodell und seine Monokultur bildete die Stütze des Volkswagenwerkes. Es war zu sehr von ihm abhängig, 1968 hatte er 68,1 Prozent Anteil an der Gesamtproduktion. Durch die D-Mark-Aufwertung gegenüber dem Dollar sank der Gewinn in den USA trotz höherer Exportzahl, und langfristig würde der Käfer die US-Sicherheits- und Abgasbestimmungen nicht mehr erfüllen können. Ab 1971 ging die Schere zwischen den Produktionskosten und den Gewinnen immer mehr auseinander, denn die Entwicklung des 1302 hatte viel Geld verschlungen. Lotz war klar, dass das Käfer-Entwicklungspotenzial an sein Ende gelangte und dass der Weg der Konkurrenz hin zu Fronttrieblern mit vorne eingebautem Motor und Zweivolumenkarosserie der Richtige war. Als Schritt in diese Richtung erschien nach der Fusion der VW-Tochter Audi mit NSU der VW K 70 im Jahre 1970, eine NSU-Entwicklung mit wassergekühltem Motor und Frontantrieb. Der Anteil des Käfer an der Gesamtproduktion lag 1971 bei 62 Prozent und sollte laut Lotz bis 1975 auf unter 15 Prozent reduziert werden. Um dies zu erreichen, gab er Porsche den Auftrag, einen unterhalb des Käfer angesiedelten Wagen mit Mittelmotor zu entwickeln. Damit setzte er viel Geld in den Sand. Lotz trat im Herbst 1971 zurück, Rudolf Leiding wurde sein Nachfolger und stoppte sofort das unleidige Mittelmotorauto zugunsten einer neuen Frontmotorgeneration. Auf Basis des Audi 80 erschien 1973 der Passat, ein Jahr später Golf und Scirocco und zuletzt 1975 der Polo. Die Ernte der Leiding'schen Saat fuhr allerdings sein Nachfolger ab Februar 1975 ein, Toni Schmücker.
Unter Leiding starb der Käfer als Volumen-

modell, er steuerte das Volkswagenwerk auf den Frontantriebskurs. Ab 1970 konzentrierte sich das Werk auf den »Super-Käfer« 1302, die Basis-Käfer wurden nicht mehr dezidiert weiterentwickelt, sondern erbten allenfalls Errungenschaften des 1302: 44 PS wie im 1302 nun auch im 1300er, L-Paket nunmehr mit Frischluftgebläse. Am 17. Februar 1972 feierte Volkswagen die Produktionsweltmeisterschaft. Der 15007033ste Käfer brach den Rekord des Ford Model T. Doch damals war der Käfer für VW bereits ein Auslaufmodell, Leidings Festrede war denn auch in die Zukunft gerichtet. Trotzdem: Bis der Golf 1974 kam, mussten der VW 1302 und 1303 das Geld in Wolfsburg verdienen. Sie erfüllten die in sie gesetzten Erwartungen. Trotzdem schlug ihre letzte Stunde bald: Am 1. Juli 1974 lief der letzte Käfer in Wolfsburg, am 19. Januar 1978 der letzte im Werk Emden vom Band. Das Cabrio überlebte seine geschlossenen Brüder um zwei Jahre bis Januar 1980.

Einige Meilensteine der Käfer-Entwicklung in der Zeit, als Kurt Lotz und Rudolf Leiding das Volkswagenwerk leiteten: 1970 erscheint der Käfer 1302, in seiner Folge 1972 der 1303. Der VW 1300 in seiner Ursprungsversion mit Kugelbolzen-Vorderachse und Pendel-Hinterachse erhält 1970 eine Zwangsbelüftung (Niere in der C-Säule) und die Motorhaube mit zehn Schlitzen wie der 1302, im Folgejahr 1971 werden es 26. Das Rückfenster wird nach oben um 4 cm ins Dach hinein vergrößert. Ein Jahr lang, von Herbst 1972 bis Juli 1973, bietet VW den 1300 S an, einen Normalkäfer mit dem 50-PS-Motor aus dem 1303 S. 1973 erhält der »Sparkäfer« die vom 1303 bekannten großen Heckleuchten (»Elefantenfüße«) und schwarz lackierte Stoßstangen. Als 1200 L ist er besser ausgestattet, trägt Chrom und eine Zwangsentlüftung. Ihn gibt es mit 34 oder 44 PS. 1974 wandern die vorderen Blinker in die Stoßstange, der VW 1200 verliert seine Radkappen und den Handschuhfachdeckel. 1975 stirbt der 1303 als Limousine, es verbleiben der 1200 »Sparkäfer« und der 1200 L, beide mit 34 oder 50 PS lieferbar, der 44-PS-Motor entfällt, 1978 auch die 50-PS-Maschine. 1976 endet der USA-Export der Limousine, Produktionsstopp in Deutschland am 19. Januar 1978. Der VW 1200 L mit 34 PS kommt fortan aus Mexiko und wird, durch diverse Sondermodelle attraktiv gehalten, bis August 1985 importiert. Danach erfolgt nach fünf käferlosen Jahren die Versorgung des europäischen Marktes durch freie Importeure, allen voran die Firma Omnicar in München, der Betrieb der Gebrüder Rosenow, die den Käfer bis zu seinem Ende 2003 anbieten, zuletzt mit 1,6-Liter- und 1,8-Liter-Einspritzmotor und geregeltem Katalysator.

Am 30. Juli 2003, einem Dienstag um 9 Uhr morgens, lief der definitiv letzte Käfer in Puebla vom Band. In einem derart professionellen, rationalisierten und auf Wachstumskurs begriffenen Konzern wie Volkswagen hatte eine Liebhaberei keinen Platz. Die Produktionsanlagen des VW Käfer waren so altertümlich wie das Fahrzeug selbst, kaum computergesteuert, und auch die Anzahl der verwendeten Industrieroboter hielt sich in Grenzen. Tatsächlich war die Käfer-Produktion ziemlich arbeitsintensiv und vor allem: mehr menschliche Hände waren daran beteiligt, als sie es bei einem modernen Auto sind.

Der letzte Käfer ist offiziell der 21529490ste. Käfer-Enthusiasten kennen die Zahl auswendig. Doch da ist Skepsis angebracht. Offiziell spricht Volkswagen von 21529464 Exemplaren, denn der letzte Mexiko-Käfer der Ultima Edición, ein aquariusblauer Wagen, trägt diese Fahrgestellnummer. Gleichsam berichtet Nicolas Rosenow von Omnicar, die letzten für ihn produzierten Käfer seien nach der Ultima Edición vom Band gelaufen, und durch seine Hände ging der definitiv letzte ihm bekannte Wagen mit der Fahrgestellnummer 21.529.490. Also müsste das die korrekte Zahl sein. Aber es bleiben dennoch Fragen offen. Was wurde dazu gezählt, was vergessen? Wir sprechen immerhin von 20 Produktionsstandorten weltweit und einer Zeitspanne von 65 Jahren. Und vor allem: Sind die Prototypen und die KdF-Wagen-Produktion vor 1945 in die Zählung miteinbezogen worden?

Das dachte sich Kurt Lotz aus, um das Volkswagen-Programm zu ergänzen: den Porsche Typ 266, aufgenommen 1970 in Weissach. Den Auftrag erteilte er quasi als erste Amtshandlung, nachdem er Nordhoff beerbt hatte, 1968.

Natürlich ein Unterschied wie Tag und Nacht im Vergleich zum altehrwürdigen Wolfsburger Krabbeltier. Aber nicht gut konstruiert: Der Mittelmotor nur von unten zugänglich, ein Ölmessstab von einem Meter Länge.

Auch Porsche bekleckerte sich mit dem Typ 266 nicht gerade mit Ruhm. Das Auto war konstruktiv aufwändig und in der Herstellung wäre es zu teuer gewesen. Lotz ließ nachbessern und nachbessern, statt die Reißleine zu ziehen. Er setzte 100 Millionen D-Mark in den Sand. Sein Nachfolger ab 1971, Rudolf Leiding, stoppte das Projekt und initiierte die VW-Frontantriebsgeneration.

Ab 1978 wurde der Käfer in seiner alten Form nur noch in Mexiko gebaut und bis 1985 importiert. Dann eine Durststrecke für Käfer-Enthusiasten, bis freie Importeure tätig wurden. 2003 lief der letzte Käfer vom Band, gefeiert mit der Ultima Edición in Aquariusblau (Bild) und Harvestmoon Beige.

Zehn Jahre Super-Käfer:

Der VW 1302 und 1303 von 1970 bis 1980

LB-SN 900

Zu lange am Alten festgehalten

Das Jahr 1970 war in Wolfsburg nicht das glücklichste Jahr. Viele Käfer-Nachfolger hatte es gegeben, etliche Projekte, schon zu Nordhoffs Zeiten. Kurt Lotz sah des Käfers Nachfolger in einem Mittelmotor-Kleinwagen. Viel Geld war investiert und in den Sand gesetzt worden. Der Käfer war perfekt. Und er war eine über 30 Jahre alte Konstruktion. Nicht mehr zeitgemäß. Und das einzige Gewächs, auf das sich Wolfsburg wirklich stützen konnte. Nichts, was aus Wolfsburg kam, war konstruktiv modern. Und kaum etwas war eine halbwegs neue Konstruktion, lauter Heckmotorwagen: An die zehn Jahre alt war der VW Typ 3, die Mittelklasse als Stufenheck, Fließheck und Variant. Seit 1955 lief der Karmann Ghia, einstmals hoch elegant, aber zu Beginn der 70er Jahre nichts als altmodisch. Der VW Typ 4, der 411, erschien 1968 und war ein aktuelles Auto, aber nicht auf dem modernen Stand der Technik und die letzte Pkw-Neukonstruktion mit Heckmotor. Der VW Transporter, seit 1967 am Markt, verkaufte sich zumindest in Deutschland bestens. Aber auch er litt unter dem Heckmotor. Denn dort, wo bei einem Transporter Laderaum sein sollte, saß beim VW Transporter eben der Motor. So kultig der T2 heute auch sein mag – zu Lebzeiten verkaufte er sich im europäischen Ausland nicht besonders gut, weil viel modernere Konstruktionen am Markt waren. Und in Deutschland profitierte er eben vom unschlagbaren VW-Service und vom Ruhm seines Vorgängers. Bleibt noch der VW K70, wie der Käfer 1302 im Jahre 1970 erschienen, einen Monat nach ihm im September. Er war ein moderner Wagen, eine zeitgemäße Konstruktion mit gefälligem Äußeren und sehr konkurrenzfähig. Aber er machte eben auch dem VW 411 Konkurrenz, und dem Audi 100 der Konzernschwester. Und er war kein VW, sondern ein Adoptivkind, eine NSU-Konstruktion, die Audi mit in die Ehe gebracht hatte. Dadurch gab es null Synergieeffekte, kein Schräubchen am K70 war mit einem anderen VW/Audi-Produkt austauschbar. Zudem war für ihn eine eigene Fabrik errichtet worden, in Salzgitter. Der K70 war also auch räumlich »weg vom Schuss«.

Im August 1970, als der VW 1302 präsentiert wurde, gab es also im VW-Programm nicht einen modern konstruierten Wagen. Im Konzern schon, die Audi waren auf der Höhe der Zeit. Der Audi F103 der unteren Mittelklasse, also die Typen 60, 75, 80 und Super 90, war eine DKW-Konstruktion, 1964 als DKW F102 erschienen und während der kurzen Episode, als Daimler-Benz DKW-Eigentümer war, mit modernen Viertakt-Motoren versehen und in Audi umbenannt. Darüber rangierte der Audi 100. Er war gegen Nordhoffs ausdrückliche Weisung in Ingolstadt im Geheimen und teilweise nach Feierabend entwickelt und dem Konzernchef erst präsentiert worden, als er fix und fertig war. Der Audi 100 war seit März 1968 am Markt, verkaufte sich gut, sicherte der Marke Audi eine gewisse Eigenständigkeit und spülte Geld in die Kasse des Volkswagen/Audi-Konzerns. Im großen Sektor war VW/Audi also modern aufgestellt (Audi 100, Audi F103, VW K70), im kleineren aber nicht. Und die Kleinen waren die Volumenmodelle. 1970 hätte VW einen Golf, einen Passat, einen Scirocco, Polo und Audi 80 benötigt. Die kamen aber erst vier, fünf Jahre später. In der Zeit um 1970 stand es also gar nicht gut um das Volkswagenwerk, die Marktführerschaft musste an Opel abgegeben werden. Die VW-Produkte in der Käfer-Klasse und in der unteren Mittelklasse waren qualitativ hervorragend, aber veraltet. Heinrich Nordhoffs Politik der Käfer-Monokultur rächte sich bitter. Der Käfer hätte längst abgelöst werden müssen. Aber er wurde aufgepeppt, bekam eine letzte, aber sehr wirksame Viagra-Spritze. Der Käfer wurde 1970 zum Super-Käfer.

Seit 1955 Bestandteil des VW-Programms, hoch geschätzt, gerne gekauft, aber irgendwann formal total veraltet: der Karmann Ghia, hier in später Version und mit US-Spezifikationen versehen.

Sicherlich ein qualitativ hervorragendes Auto war der VW Typ 3, und die meisten Kunden votierten für den Variant. Aber konstruktiv eben ein aufgeblasener Käfer mit dem Motor dort, wo der Kofferraum sein sollte. Im Bild die Letztausführung von August 1969 bis Juli 1973. Dann kam der Passat.

700.000 Volkswagen für die Niederlande werden am Fließband mit einer Feierstunde am 28. April 1973 begangen. Auch der VW 411 war »old school«, ein Heckmotorwagen, ein VW eben. Man kaufte ihn, weil er ein VW war. Ein Audi 100 wäre die vernünftigere Wahl gewesen. Oder ein K70. Aber von dem wussten die VW-Kunden: Er ist zwar ein VW, aber kein waschechter VW. Denn der hat ja den Motor hinten.

Der K70, hier ein 1972er K70 L mit stolzem Besitzer. Ein NSU-Erbe, das der VW-Konzern am liebsten unter den Tisch gekehrt hätte, wie alles, was von NSU kam. Aber die Kunden waren begierig, sie forderten den K70 und VW musste reagieren. Und zwar mit einem eigenen Werk in Salzgitter und einer Produktion, die kaum Gewinn abwarf, nicht ins Portfolio passte und vorzeitig beendet wurde.

Auch ein Erbe: der Audi. Er war eigentlich der letzte DKW, und seinen modernen Viertakt-Motor konstruierte der Daimler-Mann Ludwig Kraus. Dieser Wagen war der Grundstein der heutigen Marke Audi. Im Bild das Topmodell, ein Audi Super 90 (1966-1972, 1761 cm³, 90 PS), aufgenommen im Juni 1968 bei Ascona.

Der erste, eigenständige Audi: Audi 100 C1 ab 1968, aufgenommen an den St.-Pauli-Landungsbrücken im Hamburger Hafen. Hinten das Seebäderschiff M/S Wappen von Hamburg, das die Route Hamburg-Cuxhaven-Helgoland befuhr. Der große Pott links hinten mit dem »P« auf dem Schornstein ist die M/S Prinz Hamlet, die ab 1973 zwischen Hamburg und Greenwich im Linienverkehr fuhr, rechts drei Fairplay-Schleppdampfer.

Im Herbst 1974 war alles anders. Da bestand die VW-Modellpalette aus zwei Vertretern der alten konstruktiven Schule mit Heckmotor, nämlich dem Käfer und dem Bulli (und dem VW 181 als Käfer-Derivat), der K70 spielte wie immer eine Außenseiterrolle, durfte aber mit

aufs Foto. Die Zukunft repräsentierte die neue Schule, quer eingebauter Frontmotor, Frontantrieb: Passat, Golf, Scirocco. Der kleine Polo kam erst im Folgejahr.

VW 1302: Der Käfer mit Porsche-Fahrwerk

Mangels eines Nachfolgers war das Volkswagenwerk geradezu genötigt, den Käfer weiter zu perfektionieren. Nachfrage im In- und Ausland war da, wenngleich die Sicherheits- und Abgasbestimmungen in den USA zum Handeln zwangen. Ein Drittel der Produktion ging dorthin, und es zeichnete sich ab, dass der Wolfsburger Krabbler bald schon die Auflagen zum Insassenschutz beim Frontalaufprall nicht mehr würde erfüllen können. Die Reaktion darauf war der 1302, Produktionsbeginn 1. August 1970. Seit 1938 hatte sich der Käfer nicht so eklatant geändert. Ab der Windschutzscheibe war die komplette Frontpartie neu und 7,5 cm länger als bisher, der Radstand wuchs um 2 cm. Das hatte erhebliche Fahrgestell-Modifikationen zur Folge: Statt des bisherigen Rahmenkopfes wurde ein Querhaupt eingebaut, statt der Kugelbolzen- eine MacPherson-Vorderachse mit Querlenkern und Federbeinen. Diese waren unten mit Kugelgelenken an den Querlenkern und oben mit Gummimetall-Lagern in Federbeindomen am Aufbau befestigt. Das heißt: Ein Käfer-Chassis konnte bei abgeschraubter Karosserie nicht mehr selbständig auf den Rädern stehen, sondern knickte vorne ein. Das heißt weiter: Die Karosserie mutierte zum nötigen Bestandteil des Fahrgestells und die Zeit der Sonderaufbauten auf Käfer-Fahrgestell (Buggys, Oldtimer-Repliken etc.) war ab dem 1302 passé. Die vordere Spur wurde um 6,3 cm breiter, der Lenkeinschlag größer und damit der Wendekreis kleiner. Mit der MacPherson-Vorderachse einher ging eine neue Lenkung: Zwar weiterhin Schneckenrollenlenkung, aber wegen des Unfallschutzes mit dreiteiliger Säule und Spurstange. Die hintere Pendelachse wich der seit August 1969 aus dem Automatik-Käfer bekannten Doppelgelenkachse. Landläufig wurde vom »Porsche-Fahrwerk« gesprochen, und tatsächlich hatte damals kaum ein Wagen dieser Größenordnung eine derart aufwändige Aufhängung.

Durch die Vorderachskonstruktion und den verlängerten Aufbau ergab sich eine völlig neue Kofferraumgestaltung. Das Reserverad stand nicht mehr vorne aufrecht, sondern lag in einer abgesenkten Wanne. Im Falle eines Frontalaufpralls diente es somit als Deformationselement, und erfüllte zusammen mit der Sicherheitslenksäule die US-Vorschriften. Erfreulicher Nebeneffekt: Das 1302-Kofferraumvolumen wurde um 75 Prozent größer. Gegenüber dem VW 1300 wog der 1302 genau 50 Kilo mehr und verbrauchte (auch deshalb) mehr Sprit, also erhöhte VW den Tankinhalt, um den gewohnten Aktionsradius beizubehalten.

Der VW 1302 erhielt zwei neue Motorvarianten, keine Neukonstruktionen, sondern Weiterentwicklungen: Verbesserte Ansauganlage, doppelter Einlasskanal am Zylinderkopf, verbesserte Kühlung, höhere Verdichtung, nach vorn versetzter Ölkühler mit eigenem Kühlluftstrom, zusätzlicher Thermostat im Ölbadluftfilter. Dadurch erhöhte sich die Leistung des 1300ers um zehn Prozent von 40 auf 44 PS. Die des 1600ers stieg durch 100 cm³ mehr Hubraum auf 50 gegenüber 44 PS beim VW 1500. Auf diesem basierte er nämlich, nicht auf dem 1,6-Liter-Aggregat aus dem VW Transporter. Die neuen Motoren hatten den Ölkühler nicht mehr innerhalb des Gebläsekastens, sondern davor stehend montiert. Dadurch war endlich Schluss mit einer Käfer-Krankheit, den Hitzeproblemen des dritten Zylinders. Beider Motoren Zylinderköpfe verfügten erstmals in der VW-Boxer-Geschichte über Doppelkanal-Einlässe. Beide Maschinen erfüllten die US-Abgasbestimmungen. Weil die Motoren höher bauten, musste VW die Motorhaube erneut stärker wölben. Gegen 100 D-Mark Minderpreis gab es den VW 1302 auch mit dem 1,2-Liter-Motor mit 34 PS, womit der Wagen eindeutig untermotorisiert war. Er hieß dann 1302 A, aber dies stand nicht als Schriftzug auf seinem Motordeckel. Dennoch war er

von außen zu erkennen, denn er trug keine Lüftungsschlitze auf dem Deckel. Während die 44-PS-Variante auf Wunsch mit vorderen Scheibenbremsen ausgestattet wurde, hatte der 50-PS-Käfer dieses Sicherheitsmerkmal serienmäßig.
Neben der bewährten Viergang-Schaltung offerierte das Werk auch eine Automatik (Heckschriftzug »VW-Automatic«). Das war in Wahrheit eine Halbautomatik mit automatischer Kupplung und hydraulischem Wandler, aber einem Dreigang-Schaltgetriebe. Das heißt: Der Kupplungsfuß hatte zwar Ruhe, im Getriebe rühren musste der Fahrer trotzdem. Die Halbautomatik war seit August 1968 lieferbar und mit jener Doppelgelenk-Hinterachse gekoppelt gewesen, die nun alle 1302, auch die handgeschalteten, aufwiesen.
Völlig neu, und für den Käfer ein unerhörter Fortschritt, war die Zwangsbelüftung, von außen erkennbar an der Niere in der C-Säule. Sie ermöglichte eine zugfreie Belüftung des gewohnt dichten Käfer-Innenraums. Oberhalb des Armaturenbretts befanden sich nun zwei zusätzliche Belüftungsschlitze (sogenannte »Mann-Anströmer«). Zusammen mit dem elektrischen Gebläse gehörten innen beschlagene Windschutzscheiben weitgehend der Vergangenheit an, eine heizbare Heckscheibe (beides Wunschausstattung) tat ihr Übriges. Fahrer und Beifahrer mussten nun die Türe nicht mehr so

Wohin soll er sich wenden in seiner Not? Heidelberg oder Darmstadt? Wohin will er? Jedenfalls ist dieser Standort eine nicht gerade ungefährliche Position für ein Erinnerungsfoto. 1972er VW 1302 LS mit der vergrößerten Heckscheibe und den 26 Luftschlitzen im Deckel. Leuchtorange L20B war eine sehr typische Farbe für den 1302.

schwungvoll schließen wie beim bisherigen Käfer. Dennoch blieben eingeschworene Käfer-Fahrer bei ihrer alten Gewohnheit: Vor dem Schließen der Türe das Fenster einen Spalt öffnen, und die Türe lässt sich samtweich und fast lautlos schließen. Der geschlossene 1302 war wahlweise mit Cordstoff- oder Kunstlederbezügen erhältlich. Die Farben im Modelljahr 1971: Shantunggelb, Clementine, Iberischrot, Schwarz, Saphirblau, Marinablau, Ulmengrün, Pastellweiß, Kansasbeige, Silbermetallic, Geminimetallic (blau), Coloradometallic (rot). Die 1972er Farben: Texasgelb, Leuchtorange, Kasanrot, Schwarz, Enzianblau, Marinablau, Sumatragrün, Pastellweiß, Kansasbeige, Silbermetallic, Türkismetallic, Geminimetallic (blau), Coloradometallic (rot). Die Felgen waren ausschließlich in Chromsilber L91 lackiert.
Zeitgleich mit den VW 1302 wurde auch das Cabriolet durch die neuen Merkmale perfektioniert. Es wurde ausschließlich mit der 50-PS-Maschine, Kunststoff-Sitzbezügen und dem L-Paket exklusive Teppichboden, aber mit Steinschlagschutz an den hinteren Kotflügeln ausgeliefert (VW 1302 LS Cabrio). Für die Limousinen war das L-Paket optional (plus 200 Mark). Es umfasste zwei in die Schlusslichter integrierte Rückfahrscheinwerfer, Gummileisten auf den Stoßstangen (alternativ Stoßstangenhörner, dann ohne Gummileisten, in Europa selten geordert), schwarz gepolsterte Armaturentafel mit abschließbarem Handschuhfach, Bremskontroll-Leuchte, einen zweiten Fondaschenbecher, Make-up-Spiegel in der rechten Sonnenblende, abblendbarer Innenrückspiegel, eine Tasche in der Beifahrertürverkleidung, das elektrische, zweistufige Frischluftgebläse sowie einen durchgehenden Teppichboden. Der Heckschriftzug lautete je nach Motorisierung »VW 1302 L« oder »VW 1302 LS«. Begehrt waren die vom Werk so genannten »Vordersitze mit integrierter Kopfstütze«, die sofort die beiden Spitznamen »Pilotensitze« respektive »Grabsteine« bekamen. Heute sorgt das in der Szene für einige Verwirrung. Es handelt sich um dieselben Sitze, nur eben zwei inoffizielle Bezeichnungen dafür. Die neuen Käfer wurden vom Publikum begeistert aufgenommen und verkauften sich bestens. 1971 wurden mit 1291612 Wagen mehr Käfer umgesetzt als je zuvor in einem Modelljahr.
Das Cabriolet teilte sämtliche Merkmale der Limousine. Ein neuer Verdeckmechanismus verringerte bei heruntergeklapptem Dach dessen Höhe. Zur Wahl standen Kunstleder- oder Stoffbezüge, preislich kein Unterschied. Für den Export gab es das VW 1302 Cabriolet auch mit dem 44-PS-Motor, für manche Länder sogar mit dem 1,2-Liter mit 34 PS. Die Farben für das VW 1302 LS Cabriolet sind identisch zu jenen der Limousinen beider Modelljahre. Zusätzlich konnte das Cabriolet auch in den aktuellen Porsche-Farben der Jahrgänge 1971 und 1972 bestellt werden, 30 zusätzliche Farbtöne! Je nach Außenfarbe gab es vier Verdeckfarben, Schwarz, Texasbraun, Silbergrau und Hellsand.
Zwei Jahre lang wurde der VW 1302 gebaut. In dieser Zeit änderte sich nicht viel, aber ein wenig tat sich schon für das Modelljahr 1972 (beginnend ab August 1971), denn der Käfer wurde, wie in all den Jahren zuvor, stetig weiterentwickelt. So wurde das Zweispeichenlenkrad mit Signalhalbring von einem neuen Vierspeichenvolant mit Prallplatte abgelöst. Der zweistufige Scheibenwischer wurde per Schalthebel rechts an der Lenksäule bedient und hatte einen zusätzlichen Tippkontakt (zuvor Drehknopf-Schalter). Zudem erhielten die 1972er 1302 eine Gepäckraumabdeckplatte hinter der Rücksitzbank und bessere Geräuschisolierung durch Dämmmaterial auf den hinteren Radkästen. Von außen zu erkennen ist das 1972er Modell an der um 40 mm nach oben vergrößerten Heckscheibe und am neu geschlitzten Motordeckel. Die Klappe bekam 26 Luftschlitze in vier Reihen statt zehn Schlitzen in zwei Reihen und das Wasserablaufblech auf ihrer Innenseite entfiel. Dafür wurde die Elektrik besser gegen Feuchtigkeit geschützt. Trotzdem machte der Zubehörhersteller Kamei mit seinem über die Schlitze montierbaren Wasserschutz ein gutes Geschäft. Im Motorraum aller Käfer hielt ein Diagnosestecker Einzug; so konnten die Werkstätten einige Inspektionsarbeiten via Computer überprüfen (was man eben damals als »Computer« bezeichnete). Ein

Der nachträglich angebrachte Querträger beweist es: Das Superkäfer-Fahrgestell kann nicht aus eigener Kraft auf seinen vier Beinen stehen. Die Vorderräder würden einknicken. Die Karosserie, nach wie vor aufgeschraubt, wurde nun zum konstruktiven Bestandteil des Ganzen.

anderes Verdeckgestänge beim Cabriolet verkleinerte das zusammengefaltete Verdeck um 5 cm.
Das Publikum nahm den VW 1302 positiv auf, damals war man dem Käfer gegenüber generell wohl gesonnen. Was Wolfsburg dem guten, alten Käfer hatte angedeihen lassen, um ihn weiter zu vervollkommnen, wurde anerkannt, der 1302 stach alle weiterhin lieferbaren Käfer mit kurzem Vorderwagen aus. Aber es gab auch Kritik, vor allem am 44-PS-Motor. Er soff wie ein Loch! Oftmals ruckelte und zuckelte er, seinen Vergaser einzustellen war schwierig. Und dann gab es Kritik am Äußeren: Für viele Betrachter war der Vorderwagen, im Profil gesehen, zu lang, als dass von einer ausgewogenen Karosserieform hätte gesprochen werden können. Das mag aber auch an der Gewöhnung gelegen haben. Die Käfer-Silhouette hatte sich nie so deutlich geändert wie 1970. Die Leute waren den Anblick des VW 1302 anfangs einfach nicht gewohnt. Von der Optik abgesehen, war die Motorkritik am 1302 mit 44 PS durchaus berechtigt, und in Gebrauchtwagenberatungen wurde von ihm abgeraten. Überhaupt wurde im Nachhinein vom 1302 abgeraten. Denn der 1303 merzte sämtliche 1302-Nachteile aus. Und er versöhnte auch den ästhetischen Anspruch jener, denen der lange 1302-Vorderwagen als unausgewogen erschien. Nachdem der 1303 auf den Markt gekommen war, hatte es der 1302 als Gebrauchtwagen schwer. Und noch heute, als arrivierter Klassiker, steht er im Schatten des 1303 – vor allem als Cabriolet. Natürlich liegt das an der Verfügbarkeit, es gibt weit mehr offene 1303 als offene 1302, und das Cabriolet hatte nie mit dem 44-PS-Motor zu kämpfen. Aber auch beim offenen Käfer 1302 fiel der lange Vorderwagen in der Seitenansicht auf, was durch die gewölbte 1303-Scheibe kompensiert wurde. Der 1303 war auch offen der hübschere der beiden Brüder. Heute tragen nur noch sehr wenige 1302 ihre originalen Heckleuchten (die so genannten Bügeleisen), weil Volkswagen als Ersatzteil bald nur noch 1303-Heckkotflügel lieferte und 1302-Besitzer dadurch zwang, auf »Elefantenfüße« umzurüsten.

Windspiele im Inneren: Frischluft von vorne, Luftaustausch im Innenraum, und die verbrauchte Luft strömt hinten raus. Eigentlich normal, aber neu beim Käfer.

Es stimmt schon, was die Kritiker bemängelten: Im Profil wirkt der VW 1302 unausgewogen. Die verlängerte Front wirkt wie nachträglich angefügt. Die Langlaufski zeigen geradezu wie ein gotischer Finger nach oben gen Himmel. Bei der Einfahrt in eine Tiefgarage sollte man nicht vergessen, dass sie hinten aufgeschnallt sind.

So bullig wie der Superkäfer 1302 sah noch kein Käfer je aus. Zwar nach wie vor dieselbe Physiognomie, aber der bisherige freundliche Charakter kam ein wenig abhanden. Der etwas kräftige Auftritt wird durch die Zusatzscheinwerfer noch verstärkt.

Lenkradevolution. Die Gemeinsamkeit liegt in der äußeren Form. Sie ist rund. Links das VW-Standard-Lenkrad von Anbeginn bis August 1966, mittig das Export-Lenkrad ab August 1959 mit dem halben Signalring und dem Wolfsburgwappen, rechts das neue Käfer-Lenkrad ab August 1971, das auch VW-1600- und VW-411-Fahrer ergriffen.

Der Weltmeister läuft vom Band. Damals, Anfang 1972, wurden täglich 5000 Käfer in Wolfsburg gebaut. Das Foto zeigt die Produktion des Weltmeisters höchstselbst, der am 17. Februar 1972 um 13.45 Uhr vom Stapel lief. Also ist es auf dem Foto kurz vor dreiviertel Zwei.

Hochzeitsfoto: Als Hochzeit bezeichnete man den Moment, wenn Fahrgestell und Karosserie am Band zusammengefügt werden. Das gilt natürlich nur für Fahrzeuge mit separatem Chassis. Der Begriff hat sich gehalten, auch bei selbsttragend konstruierten Autos. Hier bezeichnet man als Hochzeit, wenn der Motor eingefügt wird. Aufnahme Herbst 1970, ein früher 1302.

Der erste Superkäfer, der 1302 in seiner Ursprungsversion mit dem kleinen Heckfenster, gebaut August 1970 bis Juli 1971. Dieses Exemplar trägt ein Schiebedach als Extra. Es hat keine Gummileisten auf den Stoßstangen, also kein 1302 L. Und ob es ein 1302 S ist, kann man von außen nur am Heckschriftzug erkennen.

Der modifizierte 1302, die Version August 1971 bis Juli 1972 mit 26 Luftschlitzen im hinteren Deckel und dem vergrößerten Heckfenster. Dieses erbte auch der 1200er, aber nur der deutsche. Die ab 1978 importierten Mexiko-1200er hatten wieder das kleinere Heckfenster, und erst 1986, nach dem offiziellen Importstopp, erhielt der Mexiko-Käfer die große Scheibe.

Das Kennzeichen des Topmodells: »VW 1302 LS«. Wer diesen Schriftzug 1970 spazieren fahren wollte, zahlte mindestens 6245 D-Mark. Zum Vergleich: Ein zeitgleicher VW 1200 kostete 4945 D-Mark. Durchaus ein Unterschied! Superkäfer Fahren war kein billiges Vergnügen.

Ein richtiges Vergnügen wurde das Superkäfer Fahren, wenn der Superkäfer eine Wellnesskur bei einem Tuner erfuhr, im Bild ein TDE-Käfer von Theo Decker aus Essen. Seitdem der Käfermotor über einen Zylinderkopf mit Doppelkanal-Einlass verfügte, ging das Käfer-Tuning erst so richtig los. Man sprach damals eher von »Frisieren«, und die hauptsächlichen Käfermotor-Friseure waren Oettinger, Theo Decker und Sauer & Sohn.

Ein von TDE restaurierter TDE-Käfer, ziemlich aufgebrezelt mit Wolfrace-Felgen unter breiten Kotflügeln, US-Blinkern und Heckleuchten, Zusatzscheinwerfern und etwas exzessivem Streifendekor.

Die unauffälligste Art, dem Käfer breite Gummis aufzuziehen: verbreiterte Serienfelgen von Kronprinz. Zwei zeitgleiche Käfer in Marinablau L54D, ein schön gepflegter 1302 LS und dahinter ein abgewirtschafteter 1200er Sparkäfer, ebenso typisch wie unprofessionell an der hinteren Seitenwand geschweißt und in ziemlich ermattetem Lack. Es lebe der feine Unterschied!

Dynamischer 1302 mit Mahag-Tuning im gepflegten Drift auf Kopfsteinpflaster. Dem Fotografen gelang ein feiner Mitzieher beim Sudelfeld-Bergrennen 1971.

Flieg, Käfer, flieg! Die bekanntesten Sportkäfer waren die vom Salzburger Porsche-Austria-Team eingesetzten Wagen in Silbermetallic mit mattschwarzen Hauben. Die Presse nannte ihn »Salzburger Rallyekugel«. Die Salzburger Käfer, sowohl 1302 als auch 1303, mischten Anfang der 70er Jahre ganz gut im Rallyesport mit, ebenso in Österreich wie international. Die rot-weißen Streifen hielten die Landesflagge hoch. Denn VW in Wolfsburg wollte von den Aktivitäten von Porsche-Salzburg, dem österreichischen VW- und Porsche-Importeur, nichts wissen. Rennleiter war Gerhard Strasser, der Tuner hieß Paul Schwarz, und 1972 hatte die österreichische Motorsportabteilung in der Salzburger Alpenstraße immerhin elf 1302 S im Gruppe-2-Trimm. Paul Schwarz betrieb klassisches Motortuning mit dem Anspruch auf Standfestigkeit, Herzstück war der Umbau auf Trockensumpfschmierung. Seine Käfer leisteten über 120 PS aus 1,6 Litern, übertragen durch ein Fünfganggetriebe aus dem Porsche 914 – wie überhaupt so einige Porsche-Teile in den Käfer einflossen.

Richtig spannender Boxer-Querschnitt beim Würzburger VW-Händler Spindler im Herbst 1972. Nur wenige 1302, dafür hübsche Altkäfer, Porsche 911 mit Stahl- und mit Fuchs-Felgen, als Exote ein Austin-Healey Sprite oder sein Schwestermodell MG Midget – jedenfalls nichts Frontgetriebenes aus dem VW-Konzern, denn der Passat kam erst im Frühjahr 1973.

Wohlstandsattribut Käfer Cabriolet: der ideale Zweitwagen für die Dame des Hauses, und in der Garage des schmucken, freistehenden Einfamilienhauses parkt eine S-Klasse. Ein Käfer Cabriolet ist alljahrestauglich, allwettertauglich...

...und vor allem wintertauglich.

Doch wer dies praktiziert, wer das Cabriolet bei geringer Pflege tagaus, tagein nutzt, darf sich nicht über alsbaldigen Verfall wundern. Dieses 1302 Cabriolet, noch in den 70ern aufgenommen, ist endfertig. Es wird nicht zum Klassiker reifen.

1984 in Köln gesehen, 1302 Cabriolet in spiegelndem Neulack, mit neuem Verdeck, die Chromteile modisch geschwärzt, mit Sprintstar-Felgen aufgewertet – und schon wieder im Winter unterwegs. Diese Frischzellenkur wird den Tod des rot glänzenden Wagens hinauszögern, aber nicht aufhalten.

Ebenfalls Mitte der 80er Jahre aufgenommen, ein total verfremdetes 1302 Cabriolet. Haube und Spoiler von Schult, Felgen von Wolfrace sowie verbreiterte Kunststoffkotflügel, deren Hersteller unidentifizierbar ist, denn es gab so viele, deren Elaborate allesamt identisch aussahen.

Geld!

1970 kam der VW 1302 auf 5745 D-Mark, der 1302 S kostete 5945 D-Mark. Die L-Ausstattung schlug mit 200 DM zu Buche, vordere Scheibenbremsen beim 1302 (44 PS) kosteten zusätzliche 140 DM. Der Preis des 1302 LS Cabriolet betrug 7490 DM. Eine Auswahl beliebter oder besonders selten georderter Extras (Preise jeweils Stand 1970): Halbautomatik 495 DM, Schiebedach 295 DM, Eberspächer Standheizung 353 DM, abschließbarer Motordeckel 7 DM, Stoßstangenhörner mit Gummipuffern 45 DM, hintere Schmutzfänger 18 DM, heizbare Heckscheibe 55 DM, Radios zwischen 171 und 328 DM, Stahlgürtelreifen 144 DM, Sperrdifferenzial 435 DM, Weißwandreifen 86 DM, Metalliclackierung 120 DM. Es gab auch Extras, die den Fahrzeugpreis verringerten: Mit 34-PS-Motor kostete der VW 1302 ganze 100 DM weniger und ohne Lackierung, also nur grundiert, 24 DM weniger. Letzteres war für Flottenfahrzeuge interessant, die in Firmenfarben lackiert wurden – nicht aber bei Großabnehmern, die aus Wolfsburg entsprechend lackierte Fahrzeuge bekamen.

Das Missing Link: Wo bleibt der VW 1301?

In der VW-Numerologie folgt auf den 1300 der 1302 und auf diesen der 1303. Die Logik verlangt nach einem 1301. Ihn gab es nie. Denn diese Typbezeichnung hatte Simca ab 1966 für sich reserviert. Der französische Hersteller nannte seine seit 1963 gebauten 1300- und 1500-Mittelklasse-Fahrzeuge nach deren Überarbeitung Simca 1301 und Simca 1501. Sie wurden unter der Regie des amerikanischen Chrysler-Konzerns bis 1976 gebaut. Simca existierte bis 1986, zuletzt im Peugeot-Konzernverbund unter dem Markennamen Talbot.

Er heißt 1301. Und deshalb gibt es keinen VW 1301. Simca 1301 Special von 1973.

VW 1303: Der Käfer mit Raumgefühl

Der Käfer ist heimelig, eng, familiär – man kommt sich näher. Im Käfer sitzt man eng beieinander, es kann zu Körperkontakt kommen. Je nach dem, wer nebeneinander sitzt, kann das sehr nett sein. Nicht allzu nett ist aber die andere Käfer-Eigenheit, dass der Fahrer quasi an der Windschutzscheibe klebt – seriöser ausgedrückt: dass der Abstand zwischen Fahrer und Windschutzscheibe sehr gering ist. Das hat den praktischen Nachteil, dass die Scheibe innen häufig beschlägt, was auch ein Grund ist, warum Käfer-Fahrer die Seitenscheibe stets einen Spalt geöffnet haben. Das wurde beim VW 1303 ganz anders. Überhaupt war für den Fahrer gefühlt alles ganz anders: Eine große Panoramawindschutzscheibe, ein richtiges Armaturenbrett, wie bei einem richtigen Auto. Modernität hielt Einzug. Wie kam es dazu?

Die jährlich strengeren US-Gesetze gönnten dem Volkswagenwerk nach dem VW 1302 nur eine kurze Verschnaufpause. Es deutete sich an, dass der Abstand zwischen den Köpfen der vorderen Passagiere und der Windschutzscheibe zu gering war und ab 1972 nicht mehr den Vorschriften genügen könnte. Also sah sich das Werk gezwungen, dies zu ändern. Das führte zum VW 1303, dem Panoramascheiben-Käfer mit seiner gewölbten Windschutzscheibe und dem völlig neuen Armaturenbrett mit Defrosterdüsen links und rechts sowie 42 Luftschlitzen, Sicherungskasten in Armaturenbrettmitte unten. Neues Sitzuntergestell mit drei Beinen (statt zwei Sitzschienen), Sitzverstellung auf dem Mitteltunnel, Rücklehne siebenfach verstellbar. Das Dach erhielt eine neue Form, ebenso die vordere Haube, die Spritzwand und die seitlichen Stehbleche – eine Arbeit des damaligen VW-Stylingchefs Herbert Schäfer. »Professor Porsche würde ihn nicht wiedererkennen«, textete die VW-Werbeabteilung selbstbewusst und engagierte den damals äußerst populären, holländischen Showmaster Rudi Carrell für Werbespots im Fernsehen. Im Werk hatte niemand damit gerechnet, dass der 1302 nach nur zwei Jahren erneut überarbeitet werden musste. Ein Treppenwitz in der Automobilgeschichte: Die avisierte US-Vorschrift über den Abstand zwischen Scheibe und Insassenkopf, die aus dem 1302 den 1303 machte, ist nie in Kraft getreten. Der 1303 hätte also nicht sein müssen. Die Kosten für ihn amortisierten sich nicht. Zwar ging der USA-Export munter weiter, VW verkaufte dort mehr 1303 als in Europa (Zahlenbeispiel 1974: 115.177 VW 1303 in den USA, 56.612 in Europa). Aber das Werk verdiente am einzelnen Fahrzeug weniger. Der Verkaufspreis in den USA musste drastisch heraufgesetzt werden, und der VW 1303 verlor dort seinen Nimbus, ein preiswertes Gebrauchsautomobil zu sein. Ihm blieb jetzt zwar noch das Image fördernde »made-in-Germany«-Attribut, aber für 2300 Dollar bekam der Amerikaner auch einen weit moderneren japanischen Kleinwagen. 1974/75 konnte VW in den USA nur einen Bruchteil der Vorjahresverkäufe verbuchen: 115.177 VW 1303 in den USA 1974, nur noch 13273 im Jahr 1975.

Betriebswirtschaftlich sprach also vieles gegen den VW 1303. Aber aus ästhetischer Sicht ist er für viele Enthusiasten nicht nur der beste, sondern auch der schönste je gebaute Käfer. Die optische Veränderung tat ihm sehr gut. Wirkte die lange Front bei unveränderter Fahrgastzelle beim 1302 im Profil etwas unproportioniert, so gab sich der 1303 weit harmonischer, weil die Frontpartie integrierter und nicht mehr so nachträglich angebracht wirkt. Außerdem war, wieder nur unter ästhetischen Aspekten, die plane Windschutzscheibe seit 1938 ein stilistischer Fehlgriff bei einem Design, das so rundlich, so fließend, eben käferartig ist. Von den Seitenflächen abgesehen, ist am Käfer nichts plan. Außer eben der Windschutzscheibe. Das hatte der Käfer-Stilist Erwin Komenda sicherlich schon in den 30er Jahren so gesehen. Aber bis zum Anfang der 50er Jahre war es technisch schlichtweg nicht möglich,

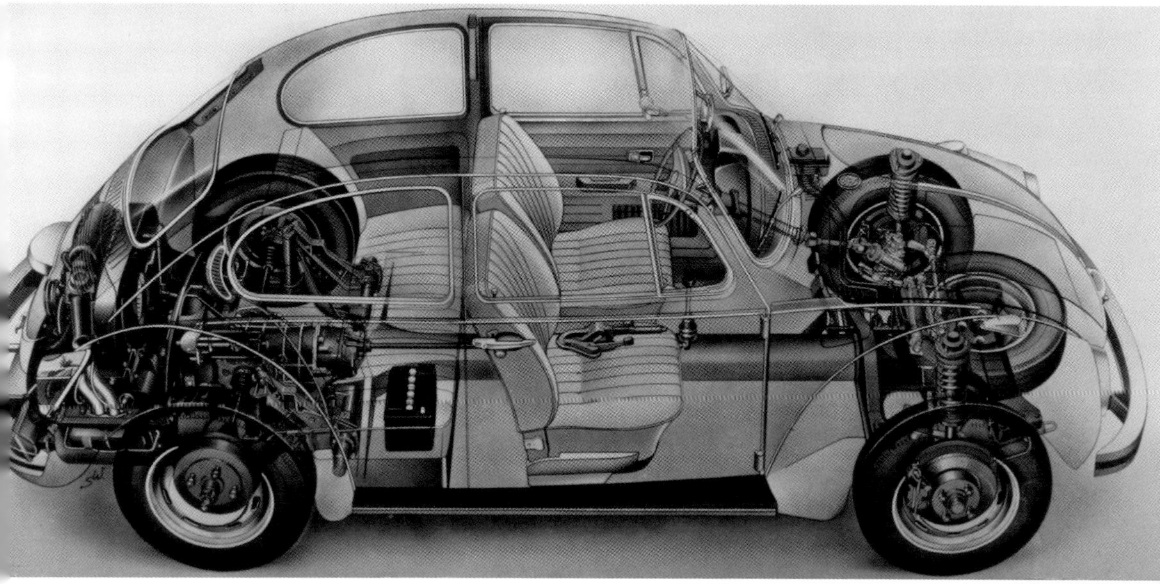

Kernspintomographie: Blick mit dem Röntgenauge durch den VW 1303. Gut zu sehen: die MacPherson-Federbeine vorne, und dank des Durchblicks ist ersichtlich, dass das in einer Mulde unverrückbar liegende Reserverad durchaus als zusätzliches Deformationselement dienen kann. Ebenfalls gut zu sehen: die ganz schlecht zugängliche Batterie unter der Rücksitzbank. Sie aus- und einzubauen ist eine Qual.

gebogenes Sicherheitsglas herzustellen. Dieses einzige, stilistische Defizit, die plane Scheibe, wurde 1972 ausgemerzt. Auch darum ist der VW 1303 der schönste Käfer. Denn jetzt war alles an ihm rundlich.
Das Armaturenbrett brach mit sämtlichen Käfer-Konventionen. War es bisher ein Blechteil gewesen, wenngleich beim L-Modell verkleidet, so bestand es nun aus einem separaten Kunststoff-Formstück mit 42 Luftschlitzen und zwei zusätzlichen Defrosterdüsen. Die Vordersitze gaben sich flexibler und ließen 77 Verstellmöglichkeiten zu. Durch die Umbauten konnte der Türöffnungswinkel auf 90° vergrößert werden. Das optische Charakteristikum des 1303 von hinten waren die stark vergrößerten Heckleuchten (»Elefantenfüße«).
Der beste Käfer war nicht der best verkaufte Käfer. Denn sein Nimbus begann zu bröckeln. Bis ungefähr 1970 war der VW Käfer eben der VW Käfer und er hatte letztlich keine Konkurrenten. Er galt nicht mal als Kleinwagen, obgleich seine Maße klein waren, sein Innenraum auch, sein Kofferraum auch und sein Leistungsoutput in Bezug auf den Hubraum erst recht. Nein, der Käfer war der Käfer und galt als klassenloses Automobil. Jeder konnte ihn fahren. Er, seinerzeit zur Welt gekommen in einem totalitären Staat und gefördert von der Regierung dieses totalitären Staates, avancierte nach dem Krieg zum demokratischsten aller Automobile. Nahezu jeder konnte ihn sich leisten und ausnahmslos jeder konnte ihn fahren, der Uniprofessor ebenso wie sein Student, der Hauseigentümer und sein Mieter, der Fabrikbesitzer und sein Arbeiter. Das war bei allen anderen, die als »Käfer-Killer« antraten und an seiner Vormachtstellung knabberten, allen voran dem Opel Kadett, nicht so. Den fuhr nur der Student, der Mieter, der Arbeiter, nicht aber der Professor, der Hausherr, der Herr Direktor. Aber in den 70er Jahren war des Käfers glanzvoller Ruhm nicht mehr so hell leuchtend. Da gab es plötzlich ganz patente Kleinwagen mit Frontmotor und Frontantrieb, vollwertige Fahrzeuge, bei denen sich die Innenraum- an den Außenmaßen orientierten, die effektive Motoren hatten und

durchaus kleinfamilientauglich waren. Sie kamen vorwiegend aus Italien (Fiat 127 und 128) und Frankreich (Peugeot 204, Renault 5 und 6), und waren teilweise sogar als Viertürer erhältlich. Wenn man sich vor Augen hält, dass der Fahrer eines Citroën GS, eines echten Vertreters der unteren Mittelklasse, mit Hydropneumatik verwöhnt wurde, aber nur 1050 cm³ Hubraum zu versteuern hatte und weniger häufig an die Tankstelle musste, so versteht man, dass die Kunden plötzlich Alternativen zum zuvor alternativlosen Käfer sahen. Das galt nicht für diejenigen, die Käfer fahren wollten, weil sie ein Leben lang Käfer gefahren waren. Aber das galt für diejenigen, die Auto fahren wollten und das möglichst kommod und effektiv – also für die Pragmatiker. Der Käfer verlor mit dem 1302 und noch mehr dem 1303 seine Vernunft und mutierte eher zum Fortbewegungsmittel der Traditionalisten. Wer 1972 einen VW 1303 kaufte, tat das bewusst, auch als Statement, und der Käfer als Neuwagen war fast schon eine Liebhaberangelegenheit.
Teuer war er geworden, der VW 1303, weil er eben nicht mehr einfach, sondern aufwändig war. Nicht nur die USA-Exporte (und auch die Europa-Exporte) gingen zurück, auch das Inlandsgeschäft. Das lag nur zum Teil am Preis des 1303, schuld war eher der neue Golf ab 1974. Die Händler boxten ihn am Markt durch und schafften es, potenzielle Käfer-Käufer umzustimmen. Zudem waren die Jahre 1973/74 für die Branche ohnehin ungünstig. Die Araber förderten in Folge des Jom-Kippur-Krieges ab Oktober 1973 weniger Rohöl und boykottierten israelfreundliche Länder mit zu geringen Lieferungen. Dieser Krieg war eine Antwort der Araber, um die Golan-Höhen zurück zu erobern, die Israel zuvor im Zuge des Sechstagekrieges an sich gerissen hatte. Der Benzinpreis stieg in der Folge rapide an. Damit einher ging eine ideologische Autoverteufelung. In den 70er Jahren gab es in Westdeutschland ein breites Spektrum außerparlamentarischer Strömungen, so die Ökologie-, Anti-Atomkraft-, Friedens- und Frauenbewegung. Zur Ideologie dieses links-alternativen Sammelsuriums gehörte auch eine Technik- und speziell Autofeindschaft. Dieser Prozess gipfelte darin, dass sich im Januar 1980 die Bundespartei Die Grünen gründete (es ist purer Zufall, dass ebenfalls im Januar 1980 die Herstellung des Käfer Cabriolet und somit des letzten deutschen Käfer beendet wurde). Das alles setzte der Autoindustrie gehörig zu.
Am 31. Juli 1975 lief der letzte VW 1303 für Europa vom Band (für den USA-Export Produktion bis Oktober), 916.713 VW 1303 Limousinen entstanden. Das Werk konzentrierte sich in Sachen Käfer wieder auf das ursprüngliche Programm mit vorderer Kugelbolzen- und hinterer Pendelachse sowie kurzem Vorderwagen.
Lediglich das 1303 Cabriolet überlebte seine geschlossenen Brüder um 4 ½ Jahre. Es war, von Luxusautomobilen abgesehen, der einzige völlig offene Viersitzer, und seine Anhänger akzeptierten das Golf Cabrio mit Überrollbügel (»der Bügel zum Wegschmeißen«, »Erdbeerkörbchen«) nie als würdigen Nachfolger. Das Käfer Cabriolet erlebte in den 70er Jahren eine richtig gehende Renaissance – nicht nur in Deutschland und den USA. In London oder Paris war es très chic, einen offenen Käfer zu fahren, vorzüglich in Schwarz, und in Paris gewann das 1303 Cabriolet den Preis »Das snobistischste Auto des Jahres« vor dem Rolls-Royce Corniche Cabriolet. In ganz Europa zeigten sich Prominente gerne im offenen 1303, Alain Delon, Yves Saint-Laurent, Sylvie Vartan, Terence Hill, Julianne Phillips (Exfrau von Bruce Springsteen), Marcello Mastroianni und der ehemalige österreichische Bundeskanzler Bruno Kreisky, der sein sonnengelbes Cabriolet in seinem Feriendomizil auf Mallorca im Einsatz hatte.
Als das Produktionsende des 1303 Cabriolet feststand, organisierte seine Fangemeinde eine Sternfahrt nach Wolfsburg und demonstrierte auf dem Parkplatz an der Nordhoff-Straße. Die Trauer änderte nichts an den Fakten: unwirtschaftliche Produktion, zu geringe Verkaufszahlen. Der Volkswagen-Vorstand hatte ernstlich in Erwägung gezogen, das Cabriolet an einem anderen Standort weiterzubauen. Es gab gute wirtschaftliche Gründe für den Produktionsstopp: Die erwarteten zukünftigen europäischen sowie die

Was für eine optische Verbesserung! Im Profil betrachtet, wirkt der 1303 ausgewogen, wohl proportioniert und überdies rundum rundlich. Jeglicher ästhetische Kritikpunkt am 1302 war am 1303 ausgemerzt. Auch wenn das avisierte US-Gesetz, das die Ursache für den 1303 war, nie in Kraft trat und die Überarbeitung zum 1303 so gesehen überflüssig war, so wurde das Auto dadurch auf jeden Fall schöner.

bestehenden amerikanischen Abgas- und Sicherheitsvorschriften. Letztere würde das Cabriolet ab 1980 nicht mehr erfüllen, und die USA waren der Hauptabsatzmarkt (⅔ der Produktion wurden dorthin exportiert). Nach dem Wegfall des US-Marktes wären die prognostizierten Verkaufszahlen zu gering, um die Herstellung wirtschaftlich aufrecht erhalten zu können – ganz abgesehen von einer möglichen oder nötigen Weiterentwicklung. Sofort nach Produktionstopp schnellten die Gebrauchtwagenpreise in Schwindel erregende Höhen, ein richtiger Hype setzte ein und währte rund zwei Jahre – obgleich das Ende des 1303 Cabriolets nicht überraschend kam und nicht nur in der Fachpresse thematisiert worden war. Kunden platzierten im Vorfeld verbindliche Neuwagen-Bestellungen für den Tag, an dem die Produktion eingestellt wurde. Die euphorische Begeisterung mancher ging sogar so weit, dass Privatleute fabrikneue VW 1303 Cabriolets zur Dauerkonservierung in einer Luftpolsterfolie mit Luftaustausch lagern ließen. Der Spiegel bezeichnete das Verhalten der Kunden seinerzeit als »Snobismus« (Heft 18/1979). Anbieter dieses Service' war damals das Autohaus Nordstadt des Günther Artz in Hannover. Die Firma A.R.T.Z. in Hannover kümmert sich noch heute um Langzeitlagerungen interessanter Autos.
Etliche Liebhaber, auch die Kaufkräftigen, gingen bei diesem Hype leer aus. Es gab damals nämlich ein Kommunikationsmissverständnis. Allgemein bekannt während des Jahres 1979 war das bevorstehende Produktionsende am 10. Januar 1980. Nicht bekannt allerdings war, dass das letzte 1303 Cabriolet in Europa-Spezifikationen bereits am 20. Juli 1979 vom Band rollen sollte und danach in Deutschland kein Neuwagen mehr bestellbar war. Die restliche Produktion von 80 Exemplaren täglich, also alle Fahrzeuge des Modelljahrs 1980, war ausschließlich für den US-Markt bestimmt. Und so zeigt auch das berühmte Foto vom 10. Januar 1980, der »Roll out« des letzten Cabriolets, ein weißes US-Fahrzeug.

Das sind Ausblicke! Und Einblicke! Die größte Käfer-Windschutzscheibe trägt der VW 1303. Aus keinem Käfer sieht der Fahrer besser hinaus. 1303 LS in Marinablau mit Lemmerz-Stahlsportfelgen und Nebelscheinwerfern.

Dicke Dinger: Auf den ersten Blick rund, auf den zweiten leicht oval sind die neuen Dreikammer-Heckleuchten des 1303, ganz den US-Vorschriften gemäß auch zur Seite leuchtend. Der Volksmund hatte rasch einen Spitznamen parat, der sich bis heute hält: Elefantenfüße.

Was heute, im Abstand von knapp 50 Jahren, ein gewohnter Anblick ist, war damals völlig unerhört, revolutionär. Nach 35jähriger Bauzeit bekam der Käfer ein grundlegend neues Armaturenbrett. Und eine ganz andere, viel größere Windschutzscheibe. Neu war also genau das, was der Fahrer stets vor Augen hat. Blick in ein spätes 1303 Cabriolet, ein Sondermodell für den US-Markt mit ganz feiner Ausstattung. Das Epilog Convertible verfügt über alle Extras inklusive Klimaanlage und Holz.

Das 1973er Fließband, dominierende Farbe ist Leuchtorange L20B, die Fahrzeuge sind fast fertig. Augenscheinlich fehlen noch Chromzierteile, das Reserverad und dessen Abdeckpappe und, ganz wichtig, die Vordersitze.

Die letzten Wolfsburger Käfer 1973 und 1974. Danach kamen alle Käfer aus Emden, wo zuvor die USA-Export-Beetles zur Welt gekommen waren. Produziert werden Fahrzeuge des Modelljahrs 1973, vorne Kasanrot L30B, hinten Ravennagrün L65K, und die hinteren sind Extratour-Sondermodelle, inspiriert vom Dudu-Film »Ein Käfer auf Extratour«.

Für die Fließbandarbeiter eine Abwechslung im Alltag, für das Werk eine publikumswirksame Pressemeldung, und stets ein Grund für Fotos sind prominente Gäste, welche sich die VW-Fertigung anschauen und sich gerne probesitzend in einem Volkswagen ablichten lassen. Publicity eben, und oftmals floss dafür auch Geld. Im Bild der legendäre Joachim »Blacky« Fuchsberger zusammen mit seiner heute nicht mehr so bekannten Schauspiel-Kollegin Gerlinde Locker 1973. Die Streifen an der Türunterkante des 1303 belegen, dass sich »Blacky« in einen 1303 Big oder 1303 City vertieft.

Den 34-PS-Motor aus dem VW 1200 gab es auch im Superkäfer. Aber er spielte keine Rolle. Seine Motoren sind der 1,3 Liter mit 44 PS (hier mit Ölbad-Luftfilter, bekannt vom 1302 und im 1303 während der ersten vier Produktionsmonate ebenfalls verbaut)...

...und der 1,6 Liter mit 50 PS und Trockenluftfilter mit Papiereinsatz, der im November 1972 den Ölbadluftfilter ersetzte.

»LS« steht für »Luxus-Sport«. 50 PS im Käfer, wie sportlich...!

Klischees sind dafür da, dass man sie pflegt. Dieses Bilddokument belegt, was US-Amerikaner laut einer Umfrage mit Deutschland verbinden: der Volkswagen, das Fräulein, und dieses möglichst im Dirndl, Bier und Sauerkraut, die Kuckucksuhr und der Tirolerhut. Sehr schmeichelhaft! Das war 1972. Und ist heute nicht viel anders, eben Oktoberfestkitsch, eine Karikatur des bayerischen Weiß-Blau und »German Gemuetlichkeit«. Und sie haben Respekt vor deutscher Ingenieurskunst, Effizienz, Qualität und deutschem Design. Wobei das eine das andere nicht ausschließt.

Frühes 1303 Cabriolet, als es noch den »1303 LS«-Schriftzug trug. Alle Cabriolets haben am vorderen, rechten Seitenblech einen Karmann-Schriftzug. Das ist eine alte Karosseriebauer-Tradition.

Rostfrei in allen Hohlräumen: Rohbaulinie des Cabriolets im Osnabrücker Karmann-Werk. Es handelt sich um Europa-Modelle nach 1975, denn sie tragen keine Blinker auf den Kotfklügeln. Zumindest sind im Blech keine Befestigungslöcher für Blinker zu sehen.

Hochzeit: Eine marsrote Cabrioletkarosserie (US-Modell, siehe Vorderblinker) wird auf das Fahrgestell herabgelassen.

Deutschland war traurig: Am 10. Januar 1980 wurde das letzte VW 1303 Cabriolet fertig, bestimmt für den US-Markt. Das letzte Europa-Cabriolet rollte bereits am 20. Juli 1979 vom Band. Die »Karmänner« dichteten etwas unbeholfen: »Nach 30 Jahren, nicht zu fassen! Willst Du uns heute nun verlassen. Hoch betagt, doch ewig jung bleibst Du uns in Erinnerung.«

Alpinweiß, unschuldig, amerikanisch: Das letzte Cabriolet am 10. Januar 1980. Cabriolet-Enthusiasten kennen dieses Datum auswendig. So, wie jeder Käfer-Liebhaber weiß, dass am 30. Juli 2003 der definitiv letzte fabrikneue Käfer in Mexiko gebaut wurde. Offenbar gibt es mehrere, letzte 1303 Cabriolets. Dieses offizielle Karmann-Werksfoto zeigt einen alpinweißen Wagen. Im Karmann-Museum allerdings stand ein marsrotes Exemplar und behauptete von sich, der Letzte zu sein. Die Fahrgestellnummern geben keine Auskunft. Weil ab 1. Januar 1980 Fahrzeug-Ident-Nummern (FIN) anstelle der Fahrgestellnummern vorgeschrieben waren, produzierte Karmann Chassis mit Fahrgestellnummern vor. Die Endmontage erfolgte dann bis zum 10. Januar, aber auf die Reihenfolge wurde keine Rücksicht mehr genommen.

Mehrgenerationenauto: Was das Werbefoto suggeriert, traf teilweise die Wirklichkeit. Ein Käfer Cabriolet wurde als etwas Wertvolles angesehen und innerhalb der Familie vererbt. Wer ein feines 1303 Cabriolet hat, verkauft es nicht ohne Not. Denn es ist ein schönes Gefühl, eines zu besitzen.

Nixenparty: Nicht alle Studenten in den 70er Jahren waren klassenkämpfende Fahrradfahrer, allenfalls mit friedensbewegtem 2CV. Es gab auch partylüsterne Söhne aus gutem Hause, denen der Herr Papa ein schickes Käfer Cabriolet vors Appartement stellte. Der Rest ergab sich von selbst. Heute verstößt ein solches Foto gegen die political correctness.

Und dieses erst recht! Aber die junge Dame wurde sicherlich nicht zu dem Foto gezwungen. Andere Zeiten. Ungezwungene Zeiten. Außerdem: Sie war jung und brauchte das Geld.

Diamantsilbermetallic L97A war Mitte der 70er Jahre eine von diversen Metallicfarben, hatte aber sicherlich nicht das Alleinstellungsmerkmal, das der Farbe Silber (manche sagen: Graumetallic) später inne wohnte. Ein 1303 Cabriolet in Silber ist nicht häufiger als eines in anderen Metallictönen. In der Erinnerung waren Marsrot und Brasilbraunmetallic die gängigsten Farbtöne für die späten Cabriolets.

Prominente, Wirtschaftspartner, ausländische Delegationen – sie alle erhielten Werksführungen in Wolfsburg. Dabei bekamen sie auch Volkswagen zu sehen, die nicht made in Wolfsburg waren, wie das VW 1303 Cabriolet oder ein Prototyp des so genannten EA 489 Basis-Transporter, der in Hannover zwischen 1975 und 1978 produziert wurde (Aufnahme 1973) und dessen Existenz Wolfsburg kaum publizierte. Alle 2600 Exemplare gingen als CKD-Kits in Entwicklungsländer, wo die eckigen Fahrerkabinen mit Abkantpressen ohne hydraulische Blechformpressen hergestellt werden konnten. Eine eigene Montage erfolgte in der Türkei, in Indonesien, Mexiko und Pakistan. Interessant: Der Basistransporter war der erste Frontantriebs-VW mit Boxermotor, und der Boxer boxerte vorne.

Von einer Weiterentwicklung während der »Nur-Cabriolet-Zeit« konnte nicht gesprochen werden. Die Außenfarben wechselten. Zunächst waren die Kopfstützen bis 1977 fest,...

... 1978 hatte das Cabriolet verstellbare Kopfstützen.

Wilhelm Karmann senior hatte den Karosseriebaubetrieb in Osnabrück gegründet und das Geschäft zum Bau des Käfer Cabriolets mit Heinrich Nordhoff eingefädelt. Sein Sohn Wilhelm junior (1914-1998) übernahm 1952 nach des Vaters Tod und machte aus dem Familienbetrieb ein weltweit operierendes Unternehmen. 1990 zog er sich zurück. Unter der Ägide seines geschäftsführenden Nachfolgers musste Karmann 2009 Insolvenz anmelden, und Volkswagen übernahm das Osnabrücker Werk aus der Konkursmasse.

Evolutionsstufen des VW 1303

Im August 1971, zum Modelljahr 1972, ersetzte der VW 1303 den 1302, mit kurzer zeitlicher Verzögerung folgte das Cabrio. Der Neue ist nochmals 20 Kilo schwerer geworden. An der Motorleistung änderte sich nichts; Trockenluftfilter mit Papiereinsatz statt Ölbadluftfilter. Neben der wesentlichen Überarbeitung vom Typ 1302 zum Typ 1303 gab es auch Kleinigkeiten, die weiterentwickelt wurden: Scheibenwischerarme schwarz statt silbern. Halbautomatik nunmehr mit Parksperre (zuvor konnte der parkende Wagen nur mit der Handbremse gesichert werden!). An der Zwangsentlüftungsniere und den Innentüröffnern entfiel der Chromglanz zugunsten von schwarzem Plastik. Die Trittbrettzierleiste wurde schmaler. Ein Markenlogo auf der vorderen Haube trug der VW 1303 nie. Aber ursprünglich geplant war es. In den ersten Prospekten ist ein sumatragrüner 1303 mit VW-Zeichen und somit verkürzter Zierleiste auf der Haube abgebildet – ein Vorserienfahrzeug.

Schon nach einem Jahr zum Modelljahr 1973 wurde das Armaturenbrett verändert, zwei große Ausströmdüsen hinter der Windschutzscheibe anstelle der 42 Schlitze. Das optionale Stahlschiebedach erhielt einen Windabweiser. Die Felgen wurden breiter (4 ½ J x 15), 6.00 x 15-Reifen gegen Aufpreis lieferbar. 1973 erschienen die Sondermodelle Gelb-schwarzer Renner, Big und City (siehe Kapitel 4).

Am 1974er 1303 änderte sich optisch wenig, es gab eine Programmergänzung nach unten. Bis August 1974 offerierte VW den 1303 A mit dem 1,2-Liter-34-PS-Motor, vereinfachter Innen- und Außenausstattung und ohne Lenkungsdämpfer, also auf »Sparkäfer«-Niveau (= VW 1200 in Basisausstattung). Stoßfänger und Haubengriffe waren mattschwarz lackiert, die Trittbrettzierleiste und die Zierrahmen um die Scheiben fehlten. Mit dem L-Paket konnte er zwar aufgewertet werden, aber das konterkarierte den Spareffekt. Der 34-PS-Motor war mit dem hohen 1303-Gewicht überfordert. Weil die Leistung stets stark ausgenutzt werden musste, relativierte sich der nominale Minderverbrauch. Eine Einsparung gab es lediglich durch günstigere Versicherungsprämien und geringfügig weniger Steuern. Der 1303 A wurde auch in den USA angeboten. Eine signifikante technische Veränderung der Vorderachsgeometrie erfuhr der 1303 zum 1974er Modelljahr: den negativen Lenkrollradius. Er macht die Lenkung bremsstabiler, vor allem, wenn ein Bremskreis ausfällt oder sich der Wagen einseitig auf rutschigem Untergrund befindet. Die Motoren hatten fortan eine Drehstrom-Lichtmaschine und neue, dehnbare Zylinderköpfe, außerdem vernickelte Schalldämpfer. Optisch tat sich 1974 nahezu nichts. Die Motorhaube hatte eine runde Einprägung, was aber vom Kennzeichen verdeckt wurde, das Handschuhfach bekam einen Schnapp- statt Drehverschluss. Die Kennzeichenbeleuchtung, zuvor aus Zinkspritzguss, wurde zum Plastikteil mit Riffelung an der Oberseite. Das war, von außen, das einzige weithin sichtbare Unterscheidungsmerkmal des '74er 1303 – es sei denn, der Wagen trägt das L-Paket. Dann sieht, wer hineinblickt, eine Quarzuhr am Armaturenbrett.

Im August 1974 zum Modelljahr 1975 verlor der VW 1303 seine charakteristischen vorderen Blinker auf den Kotflügeln zugunsten rechteckiger Leuchten in den Stoßfängern. Das gilt nicht für die USA-Käfer, deren (größere!) Blinker stets auf den Vorderkotflügeln situiert waren, bis zum letzten Cabriolet anno 1980. Alle Käfer mit langem Vorderwagen hießen nun VW 1303, das »L« und »S« auf dem Heckschriftzug entfiel. Neue Stoßfängerhalterungen bedingten geänderte Kotflügel. Die Cabrio-Heckscheibe wuchs um 12 Prozent. Gewölbtes Heckabschlussblech, darunter war Platz für den Katalysator, den die US- und Japan-Versionen trugen. Die Schneckenrollenlenkung wich einer feinfühligeren Zahnstangenlenkung und damit war der VW 1303 am Ende seiner technischen

Blinker statt Winkern hatte der Käfer ab 1960, auch der 1302, auch der 1303. Sie wechselten mehrfach Form und Größe, aber nicht ihre Platzierung auf den Vorderkotflügeln.

Evolution angelangt. Die bislang in Wagenfarbe gehaltenen Kotflügelkeder erhielten keinen Lack mehr, sondern blieben schwarz. Innen: Vordersitzlehnen vom Passat. Vertreter des VW-Jahrgangs 1975 gehören heute zu den seltensten Volkswagen überhaupt. Damals verwandte das Werk ein unsäglich schlechtes Blech (wieder aufgearbeitetes, italienisches Schrottblech). Der Rost raffte den '75er Jahrgang komplett dahin. Alle Käfer nach dem 1. Juli 1974 kamen aus dem Werk Emden, weil Wolfsburg die Produktion zugunsten des Golf einstellte. Emden hatte schon zuvor, seit Ende 1964, sämtliche für den US-Markt bestimmten Käfer produziert – alleine wegen der Nähe zur Nordsee. Die Überführungskosten vom Werk zum westlichsten Seehafen Deutschlands sind hier geringer als von Wolfsburg dorthin. Bis 1978 produzierte Emden den VW 1200 Käfer, seitdem den Passat.

Der 1303 aus Emdener Produktion lief am 31. Juli 1975 aus. Übrig blieb das Cabriolet aus Osnabrück. Außer neuen Lackierungen, einem größeren Heckfenster ab 1976 und zwei unterschiedlich ausgeformten Kopfstützen (erst fest, ab 1978 verstellbar) erfuhr es bis zum Produktionsstopp am 10. Januar 1980 keine Modifikationen. Zum Modelljahr 1978 waren die Stahlsportfelgen serienmäßig. 330.281 Exemplare liefen vom Band, sagt Volkswagen. Karmann selber sprach von 331.847 Stück. Wie beim 1302 war das 1303 Cabriolet ausschließlich mit dem starken Motor, vorderen Scheibenbremsen und dem L-Paket lieferbar. Dieses war gegenüber der Limousine abgewandelt und beinhaltete Teile des M-Paketes. So gab es für den offenen Käfer Gummileisten auf den Stoßstangen, einen Steinschlagschutz an den hinteren Kotflügeln, Rückfahrscheinwerfer, einen abblendbaren Innen- und einen Make-up-Spiegel in der Beifahrer-Sonnenblende. Dafür hatte das Cabriolet serienmäßige Kunststoffsitzbezüge und keinen Teppichboden, denn schließlich konnte es innen nass werden. Während der »Nur-Cabriolet-Zeit«, in der zweiten Hälfte der 70er Jahre, blieb die Mehrausstattungsliste verhältnismäßig klein: das Schlechtwetter-Paket, und als Einzelextras beheizbare Heckscheibe, Scheinwerfer-Waschanlage, Automatikgurte, Verbundglas-Frontscheibe, Halogenscheinwerfer, Stahlgürtelreifen in beiden Größen, alternativ Lemmerz-Sportstahlfelgen mit 175/70 SR 15ern sowie diverse Radios.

Die Käfer-Welt war in den 70er Jahren bunt. Im Modelljahr 1973 bestand die Limousinenfarbpalette aus folgenden Tönen: Kasanrot, Pastellweiß, Leuchtorange, Texasgelb, Sumatragrün, Kansasbeige, Marinablau, Biscayablau, Mayametallic, Alaskametallic, Türkismetallic, Marathonmetallic. Das Cabriolet gab es in Hellelfenbein, Bahiarot, Signalorange, Saturngelb, Olympiablau, Phönixrot, Sonnengelb, Sambesigrün, Ravennagrün,

Saturngelbmetallic, Alaskametallic und Marathonmetallic.
Palette im Modelljahr 1974 für die Limousine: Atlasweiß, Marinablau, Senegalrot, Leuchtorange, Saharabeige, Tropengrün, Rallyegelb, Cliffgrün, Marathonmetallic, Alaskametallic, Hellasmetallic und Moosmetallic. Cabriolet: Hellelfenbein, Bahiarot, Signalorange, Saturngelb, Olympiablau, Phönixrot, Sonnengelb, Sambesigrün, Ravennagrün, Saturngelbmetallic, Alaskametallic, Marathonmetallic.
Modelljahr 1975 Limousine: Anconametallic, Lofotengrün, Rallyegelb, Cliffgrün, Schwarzblau, Ceylonbeige, Marinogelb, Phönixrot, Hellasmetallic, Marathonmetallic, Viperngrünmetallic. Cabrioletfarben: Anconametallic, Diamantsilbermetallic, Hellelfenbein, Ibizarot, Malagarot, Lagunenblau, Nepalorange, Schwarz, Sonnengelb, Viperngrünmetallic.
Modelljahr 1976 (ab jetzt nur noch Cabriolet): Anconametallic, Brasilbraunmetallic, Diamantsilbermetallic, Malagarot, Marinogelb, Marsrot, Polarweiß, Riffblau, Schwarz, Schwarzmetallic, Viperngrünmetallic.
Modelljahr 1977: Schwarz, Marinogelb, Marsrot, Malagarot, Riffblau, Polarweiß, Brasilbraunmetallic, Anconametallic, Schwarzmetallic, Viperngrünmetallic, Diamantsilbermetallic.
Modelljahr 1978: Schwarz, Marinogelb, Marsrot, Malagarot, Riffblau, Alpinweiß, Brasilbraunmetallic, Anconametallic, Viperngrünmetallic, Diamantsilbermetallic, Kolibrigrünmetallic.
Modelljahr 1979 sowie verkürztes Modelljahr 1980 bis Produktionsstopp im Januar 1980: Lemongelb, Marsrot, Floridablau, Alpinweiß, Brasilbraunmetallic, Indianarotmetallic, Platinmetallic, Riverblaumetallic, Perlmetallic, Diamantsilbermetallic, Kolibrigrünmetallic.

Preise und Stückzahlen für das 1302/1303 Cabriolet nach Modelljahren:

1970: 7490 DM	18.028 Ex.
1971: 7990 DM	24.273 Ex.
1972: 8190 DM (1302 LS)/ 8840 DM (1303 LS)	14.865 Ex.
1973: 9610 DM	17.685 Ex.
1974: 9690 DM	12.694 Ex.
1975: 11.550 DM	5327 Ex.
1976: 12.735 DM	11.083 Ex.
1977: 13.255 DM	14.216 Ex.
1978: 13.845 DM	18.511 Ex.
1979: 14.245 DM	19.569 Ex.
1980: 14.423 DM	518 Ex.

Preise VW 1302 und 1303 Limousine

	VW 1302/1302 S	**VW 1303/1303 S**
ab August 1970	5745 DM/5945 DM	
ab November 1970	6090 DM/6290 DM	
ab August 1971	6190 DM/6390 DM	
ab August 1972		6690 DM/6890 DM
ab März 1973		6910 DM/7140 DM
ab August 1973		6990 DM/7220 DM
ab März 1974		7480 DM/7725 DM
ab August 1974		7995 DM/8260 DM
ab Januar 1975		8355 DM/8630 DM
ab April 1975		8770 DM/9060 DM

Zum Modelljahr 1975, also ab August 1974, verschwanden die charakteristischen Blinker von den Vorderkotflügeln und wanderten in die Stoßstange ab (wo sie unfallgefährdeter waren!). Der Käfer wandelte dadurch seine Physiognomie. Aber nur in Europa. In den USA blieben die aufgesetzten Blinker bis zuletzt, und sie waren weit größer als die Europa-Leuchten und beinhalteten auch das Standlicht.

Bei Fahrzeugen mit längerer Produktionszeit bleiben logischerweise eher die letzten Ausführungen in Erinnerung, und das gilt auch für das 1303 Cabriolet, das in der Rückschau seine Blinker eher in den Stoßstangen als auf den Kotflügeln trägt. Wie dieses Exemplar in Brasilbraunmetallic, einer der eher häufigen Farben später Cabriolets.

Schematische Darstellung des negativen Lenkrollradius'. Die Erfindung desselben stammt von Fritz Ostwald (1913-1999), einem begnadeten Ingenieur und Physiker, dessen Name aber in kaum einer Automobil-Enzyklopädie zu finden ist. Schon seine Diplomarbeit von 1940 befasste sich mit einem Antiblockiersystem beim Bremsen, und Bremsen sowie Lenkung ließen ihn zeitlebens nicht mehr los. Sein Patent für den negativen Lenkrollradius stammt von 1958. Nach dem Fuldamobil (damals noch unpatentiert) war der Oldsmobile Toronado der erste damit ausgerüstete Wagen, gefolgt 1972 vom Audi 80.

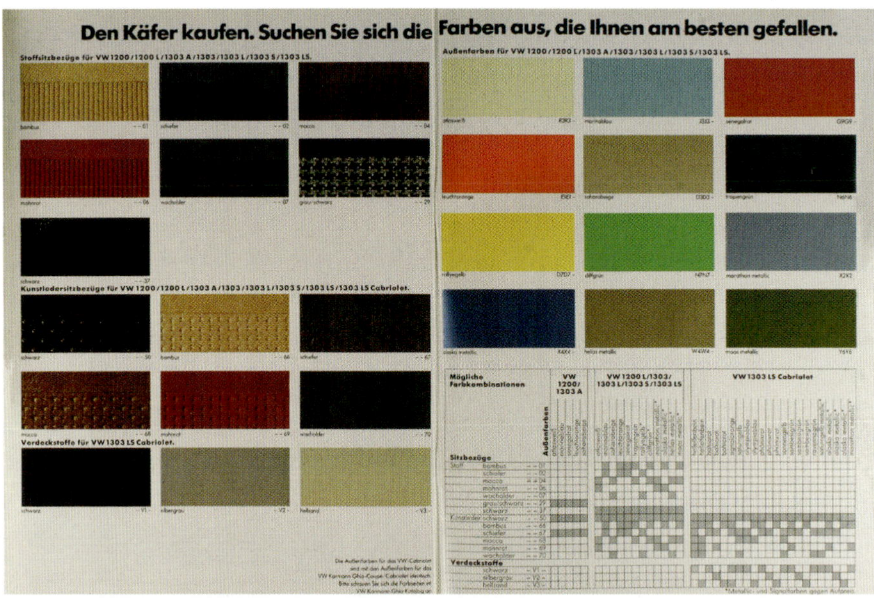

Farbenspiele: Die Käfer-Farbpalette vom August 1973, also zu Beginn der 1303-Produktion...

...und zu deren Ende: Cabriolet-Farben vom Januar 1979.

Preisliste vom August 1973. Interessant: Beim 1302 zahlte einen Hunderter weniger, wer sich mit dem 1200er-Motor zufrieden gab. Beim 1303 steht in der Aufpreisliste bei diesem Extra: »ohne Minderpreis«.

VW Käfer-Modelle
Alle Fahrzeuge werden serienmäßig mit 3-Punkt-Sicherheitsgurten für Vordersitze ab Werk geliefert

● Serienmäßiger Lieferumfang

M	Preise ab Werk inkl. Umsatzsteuer	34 PS-Motor VW 1200	34 PS-Motor VW 1200 L	34 PS-Motor VW 1303 A	44 PS-Motor VW 1303	50 PS-Motor VW 1303 S	50 PS-Motor VW 1303 LS Cabriolet
		5650,-	5950,-	6640,-	6990,-	7220,-	9690,-
032	Abschließbarer Tankdeckel	15,-	15,-	15,-	15,-	15,-	15,-
050	Zweikreis- und Handbrems-Kontroll-Leuchte	30,-	30,-	30,-	30,-	30,-	●
058	Stoßfängerhörner mit Gummipuffern				76,-	76,-	
060	Standheizung (für VW 1200 nur in Komb. mit M. 610)	469,-	469,-	469,-	469,-	469,-	469,-
080	Scheibenbremsen vorn				162,-	●	●
089	Windschutzscheibe in Verbundglas	72,-	72,-	115,-	115,-	115,-	115,-
095	VW-Radio „Wolfsburg" (KW, MW, LW, Tonbandanschluß) (für VW 1200 nur in Verbindung mit 12-Volt-Anlage)	244,-	244,-	244,-	244,-	244,-	244,-
097	VW-Radio „Emden" (MW, LW, UKW, Tonbandanschluß) (VW 1200 nur in Verbindung mit 12-Volt-Anlage)	334,-	334,-	334,-	334,-	334,-	334,-
098	VW-Radio „Ingolstadt" mit Stationsdrucktasten-Automatik (KW, MW, LW, UKW, Tonband- und Automatik-Antennen-Anschluß) (für VW 1200 nur mit 12-Volt-Anlage)	413,-	413,-	413,-	413,-	413,-	413,-
102	Beheizbare Heckscheibe (für VW 1200 nur in Komb. mit M 610)	68,-	68,-	68,-	68,-	68,-	124,-
170	Reifen 6.00 x 15	42,-	42,-	42,-	42,-	42,-	42,-
170 172	Stahlgürtelreifen 165 SR 15			226,-	226,-	226,-	226,-
172	Stahlgürtelreifen 155 SR 15	165,-	165,-	165,-	165,-	165,-	165,-
173	Textilgürtelreifen 155 SR 15	165,-	165,-	165,-	165,-	165,-	165,-
184	3-Punkt-Sicherheitsgurte mit Aufrollautomatik und Drucktastenschloß für Vordersitze	50,-	50,-	50,-	50,-	50,-	50,-
186	Beckensicherheitsgurte (2) mit Aufrollautomatik und Drucktastenschloß für Hintersitze	86,-	86,-	86,-	86,-	86,-	86,-
208	Anhängevorrichtung (für VW 1200 nur in Komb. mit M 610)	231,-	231,-	231,-	231,-	231,-	231,-
220	Sperrdifferential (VW 1200 nur mit 44 PS-Motor)	518,-	518,-			518,-	518,-
227	Kopfstützen für Vordersitze (nicht abnehmbar)	57,-	57,-	57,-	57,-	57,-	57,-
232	Einknöpfbare, verschließbare Spanndecke						179,-
288	Scheinwerfer-Waschanlage			160,-	160,-	160,-	160,-
409	Vordersitze in Sportausführung, mit abnehmbaren Kopfstützen, Stoff schwarz				330,-	330,-	305,-
444	5 Sportscheibenräder 5½ J x 15 mit Stahlgürtelreifen 175/70 HR 15 (Verbot M 060)			330,-	330,-	330,-	330,-
551	Halogen-Hauptscheinwerfer (VW 1200 in Komb. M 610)	95,-	95,-	95,-	95,-	95,-	95,-
560	Stahlkurbeldach (bei 1303 mit Windabweiser)	340,-	340,-	375,-	375,-	375,-	
587	VW-Radio „Hannover" (MW, LW, UKW, Suchlauf-Automatik, Tonband- und Automatik-Antennen-Anschluß) (für VW 1200 nur in Verbindung mit 12-Volt-Anlage)	610,-	610,-	610,-	610,-	610,-	610,-
610	12-Volt-Anlage (für VW 1200 mit 34 PS-Motor)	47,-	47,-	●	●	●	●
616	Rückfahrleuchten VW 1200	44,-	●				●
705	Klima-Anlage			1695,-	1695,-	1695,-	1695,-
976	5 VW-Sport-Scheibenräder 4½ J x 15			50,-	50,-	50,-	50,-
	Wählautomatik (für VW 1200, 44 PS)	585,-	585,-		585,-	585,-	585,-
	Metallic-Lackierung (lt. Werksangebot)		155,-		155,-	155,-	405,-
	Sitzbezüge aus luftdurchlässigem Kunststoffgewebe	49,-	49,-	49,-	49,-	49,-	●
	Signal-Lackierung		70,-		70,-	70,-	
	44-PS-Motor und Ausgleichfeder, 12 Volt-Ausführung	150,-	150,-				
	34-PS-Motor	●	●	●	o. Minderpreis		

Z 06	VW 1200 L (34 PS-Motor)	M-Paket	160,-
	Kraftstoffvorratsanzeiger Beifahrersonnenblende abblendbarer Innenspiegel Beifahrerhaltegriff beheizbare Heckscheibe 12-Volt-Anlage		
Z 06	VW 1200 L (44 PS-Motor)	M-Paket	115,-
	Kraftstoffvorratsanzeiger Beifahrersonnenblende abblendbarer Innenspiegel Beifahrerhaltegriff beheizbare Heckscheibe		
Z 05	VW 1303 A/1303/1303 S	M-Paket	160,-
	abschließbarer Motorraumdeckel beheizbare Heckscheibe Gummileisten für Stoßfänger abblendbarer Innenspiegel Rückfahrleuchten kombinierbar mit L- (nicht 1303 A) und/oder Schlechtwetter-Paket		
	VW 1303/1303 S	L-Paket	265,-
	abschließbares Ablagefach zweistufiges Frischluftgebläse Ruhesitze Zigarrenanzünder Zeituhr Türtasche rechts Make-up-Spiegel in Beifahrer-Sonnenblende 2. Fondascher Schlingenflorteppich Schriftzug „L" (nicht bei 34 PS und Automatik) (1303 LS Cabrio mit Gummimatten anstelle Schlingenflorteppich) kombinierbar mit M- und/oder Schlechtwetter-Paket		
Z 01	VW 1303 A/1303/1303 S/1303 LS Cabrio		230,-
	45 Ah-Batterie Nebelschlußleuchte Intervallschalter/Wasch-Wisch-Automatik Halogen-Nebelscheinwerfer		

Buntes Treiben auf dem Hof des VW-Händlers Mohr in Düren. Bunt im wahrsten Sinne des Wortes. Am buntesten ist das Fiat 850 Coupé als Gebrauchtwagen. Doch auch die Käfer und der Porsche und der K70 sind ganz schön bunt. So bunt wie die 70er Jahre eben waren. Ganz hinten im Bild der Porsche-Ausstellungsraum, und dort steht ein knallgrüner 911 S. Damals kaufte man Porsche bei ausgewählten und geschulten VW-Händlern. Die Verwandtschaftsverhältnisse sind ja auch nicht zu leugnen.

Lauter feine Sachen: Extras für den Superkäfer

In den 70ern waren deutsche Autos recht nüchtern ausgestattet. Die Hersteller ließen sich Selbstverständlichkeiten extra bezahlen, auch sicherheitsrelevante Dinge wie Stahlgürtelreifen oder Kopfstützen. Das Volkswagenwerk machte da keine Ausnahme, Grundmodelle waren furchtbar »nackt«, und erst mit dem L-Paket wurde ein VW halbwegs wohnlich. Das änderte sich, nachdem die Japaner zunehmend gut ausgestattete Fahrzeuge zu einem günstigen Komplettpreis anboten. Vor allem Opel und Ford mussten darauf reagieren, aber auch das Volkswagenwerk. Das war jedoch nach Käfers Hochphase.
Die Melange von Ausstattungspaketen und Einzelextras wurde beim 1303 neu sortiert. Das L-Paket (plus 250 D-Mark) umfasste das zweistufige Gebläse, Teppichboden, Tasche in der rechten Türinnenverkleidung, zweiten Fondaschenbecher, Liegesitze, Zigarettenanzünder, Uhr, Spiegel in der Beifahrer-Sonnenblende und ein Schloss für das Handschuhfach. Mit dem M-Paket (plus 150 DM) erhielt der 1303-Käufer Gummileisten auf den Stoßstangen, einen abschließbaren Motor- und Tankdeckel, Rückfahrscheinwerfer und einen abblendbaren Innenrückspiegel. Schlechtwetterpaket (plus 220 DM): stärkere Batterie, Nebelscheinwerfer und -schlussleuchte, Intervallschaltung für Scheibenwischer.
Dann gab es noch Einzelextras (Preise jeweils Modelljahr 1973): Radios, Halbautomatik (555 DM), vordere Scheibenbremsen für das 44-PS-Modell (154 DM), Schiebedach (360 DM), heizbare Heckscheibe (65 DM), Diagonal-Weißwandreifen (hat kaum jemand gekauft, die Weißwand-Mode war endgültig passé), Gürtelreifen in 155 SR 15 (157 DM) oder 165 SR 15 (175 DM), Eberspächer-Zusatzheizung, Kunstledersitze (47 DM), Kopfstützen (54 DM), eine hintere Mittelarmlehne, hintere seitliche Ausstellfenster (111 DM), Verbundglas-Windschutzscheibe (110 DM), Halogenleuchten (98 DM), Sicherheitsgurte vorne (127 DM) und hinten sowie Klimaanlage (1695 DM ab 1974, äußerlich erkennbar am geschlitzten, vorderen Abschlussblech), rechter Außenspiegel (17 DM) und für den 50-PS-Käfer ein Sperrdifferenzial (493 DM). Ebenfalls erhältlich waren ein Sportlenkrad, Lemmerz-Stahlsportfelgen 5 ½ J 15 mit Gürtelreifen 175/70 SR 15, Scheinwerfer-Waschanlage (Düsen auf der Stoßstange) und grün getönte Scheiben (jeweils ab 1974). Der Optik dienten Radzierringe aus poliertem Aluminium und Stoßstangenhörner, und der freie Zubehörhandel bot allerlei Leckereien von Chromschmuck über Wimpelhalter und Schmutzfänger bis hin zu Radkappen im Stile der Porsche-Fuchs-Felgen und (sinnlosen) Blitzableitern an. Die Euphorie um die »Herbie«- und »Dudu«-Filme förderte den Verkauf von Aufklebern mit der Aufschrift »Ich bin ein toller Käfer« (alle angegebenen Preise beziehen sich auf das Modelljahr 1972).
Kamei-Produkte für den Käfer waren sowohl im Zubehörhandel als auch direkt beim VW-Händler erhältlich. Kamei war der größte externe Anbieter an VW-Zubehör, und so manches Werkssondermodell erhielt sogar als Erstausstattung feine Sachen aus dem Kamei-Programm. Von Kamei aus Wolfsburg, 1952 von Karl Meier gegründet, gab es, was das Herz des Käferfahrers begehrte, von sportlich über praktisch bis hin zu überflüssig: Zu 1302/1303-Zeiten waren dies unter anderem Mittelkonsolen mit und ohne Platz für Zusatzinstrumente, Aufbewahrungsmöglichkeiten für Musikkassetten, Sportsitze und -lenkräder, Kopfstützen, Lenkradhüllen, spezielle Schaltknaufe, Ablagen, Chromzubehör, spezielle Radkappen, Wasserschutz für die Belüftungsschlitze im Motordeckel, Windabweiser fürs Schiebedach, Frontspoiler, Zusatzscheinwerfer, Skihalterungen, Zierfolien zum Aufkleben...
Und dann natürlich die Frage der Felgen. Die Serienfelgen in Ehren, doch wer seinen 1303 (oder auch 1302) aufwerten wollte, suchte sich andere Füße aus. Die Weltmeisterfel-

gen waren stets begehrt und sind es heute noch. Umso erstaunlicher, dass davon ein so großer Vorrat am Lager gewesen sein muss, dass Volkswagen die Exportversionen des 1981er Sondermodells Jeans-Käfer, ein mexikanischer VW 1200, mit den Lemmerz-Weltmeisterfelgen ausstattete. Lagerräumung also. Die Lemmerz-Stahlsportfelgen waren stets als werksseitiges Extra erhältlich, die ebenfalls von Lemmerz gefertigten Sprintstar-Felgen gab es als Zubehör, sie waren aber beim VW-Händler zu haben – ebenso wie Tiefbettfelgen im gleichen Design wie die Standard-Stahlfelgen. Auch vom VW-Händler bekam man die 5,5 x 15-ATS-Classic-Leichtmetallfelgen, und in der zweiten Hälfte der 70er Jahre trug fast jeder offene 1303 diese Alus. Es gab sie in unterschiedlicher Optik, am häufigsten silbern, am edelsten wirkten sie schwarz ausgelegt, individuell war eine Teillackierung in Karosseriefarbe, und auf Hochglanz poliert waren sie ebenfalls im Angebot. Das höchste der Gefühle auf dem 1302/1303 waren natürlich die Fuchs-Alus vom Porsche 911. Ein teures Vergnügen, das auch eines Aufwandes bedurfte (Umbau des Lochkreises von 4 x 130 auf 5 x 130 mm), aber das war dank Umbausätzen machbar. Und das Resultat: einfach genial!

Während der »Nur-Cabriolet-Zeit«, in der zweiten Hälfte der 70er Jahre, blieb die Mehrausstattungsliste verhältnismäßig klein: Weiterhin das Schlechtwetter-Paket, und als Einzelextras beheizbare Heckscheibe, Scheinwerfer-Waschanlage, Automatikgurte, Verbundglas-Frontscheibe, Halogenscheinwerfer, Stahlgürtelreifen in beiden Größen, alternativ Lemmerz-Sportstahlfelgen (Serie ab 1978) mit 175/70 SR 15ern sowie diverse Radios.

Alltag im zeitgenössischen Straßenverkehr: VW 1302 von 1971 mit Kamei-Streifendekor, lieferbar in Silber, Schwarz oder Weiß zu je 60 D-Mark. Das war quasi die Ablösung der Herbie-Dekoration, mit der die Käfer in den Spät-60ern verziert worden waren: weiße Fahrzeuge mit blau-weiß-roten Streifen über Hauben und Dach und der Startnummer 53 – eben ganz so, wie Herbie im populären Disney-Film.

Zu Kutschenbauzeiten gab es die so genannten Coach Lines, von Künstlern von Hand aufgetragen. Sie überlebten als edle Verzierung die Zeitenläufte, aber aus der individuellen Lackierung wurden aufgeklebte Streifen. Von Kamei gab es entsprechende Dekor-Sätze, die sich den typischen Käfer-Rundungen perfekt anpassten. Der eine empfand es als edel, der andere als aufgetakelt. Alles Geschmackssache.

Stoßstangenhörner wurden in Europa als 50er- und 60er-Jahre-Accessoire empfunden. In den 70ern schützte man die Stoßstangen durch Gummileisten. In den USA war das anders, und dort hatten die Hörner auch einen praktischen Sinn: Der gemeine amerikanische Straßenkreuzer trug seine Stoßstangen höher als der Käfer, weshalb die Export-Stoßstangen in den 60ern die berühmten Bügel trugen. Und in den 70ern massive Hörner. Dieser 1303 S in Hellasmetallic freut sich überdies über breite Reifen auf KPZ-Tiefbett-Stahlfelgen.

Mattschwarz statt Chrom, vorne ein Kamei-Spoiler, und der Käfer rundum sichtbar und merklich tiefer gelegt. Was sich unter der Haube getan hatte, können wir nicht mal erahnen. Dieser scharfe Käfer gehörte einem in Western Germany stationierten, amerikanischen Soldaten. Aber der Wagen trägt keine US-Spezifikationen. Der GI hatte also nicht die Absicht, ihn nach Dienstzeitende mit in die Heimat zu nehmen.

Hand angelegt an einem Weltmeister: breite Reifen auf Tiefbettfelgen, ein auffälliger Frontspoiler und meisterlich in die vordere Haube integrierte Zusatzscheinwerfer.

Lemmerz-Stahlsportfelgen gehen immer. Dieser Käfer 1303 LS ist ein ganz feines Exemplar, außen Miamiblau, innen ebenfalls blau, eher ein Luxus- als ein Sportkäfer. Und trotzdem: Diese Felgen gehen immer!

Voll auf Speed: In diesen 1303 hatte jemand richtig investiert, eher Geld als Geschmack, aber zum Zeitpunkt der Ablichtung verlotterte er bereits: Front- und Heckspoiler sowie Seitenschweller von Schult aus Recklinghausen, in Wagenfarbe lackierte Lemmerz-Sprintstar-Felgen, ein Glasdach, eine Dachantenne, Verzicht auf jegliche Zierleisten, Totalentchromung und sonst allerlei Geschmacklosigkeiten. So wurde in den 80ern getunt. Und alle Vertreter dieser Zunft sind heute tot.

Sehr breite Kotflügel, womöglich von Kamei, und entsprechendes Räderwerk, das aus dieser Perspektive nicht zu erkennen ist: italienisches 1302 Cabriolet mit weißen Blinkergläsern. Und der Ragazzo hinter ihm, ein konzeptioneller Verwandter dritten Grades, sieht auch nicht aus, als wäre seinem Eigentümer die serienmäßige Leistung ausreichend gewesen.

Starker Auftritt: Kamei-Frontspoiler am 1302, 1971 für 140 D-Mark zu haben. Und dann noch starke Felgen, Turtlebacks von Superior Industries aus Michigan. Superior bietet bis heute Alufelgenmarken an, die im Zubehörmarkt zu den führenden gehören: ATS, Rial, Alutec und Anzio. Superior begann 1968 in Kalifornien, Alufelgen für Hot Rods zu produzieren.

Nichts Ungewöhnliches in späten Cabriolet-Zeiten, und in den frühen 80ern fuhren viele 1303 genau so herum: Oettinger-Motortuning, Zusatzscheinwerfer mit Gehäuse in Wagenfarbe, Frontspoiler und die klassischen ATS-Felgen, entweder komplett silbern oder poliert oder schwarz ausgelegt. Die ATS-Classic-Felge kam 1972 auf den Markt und es gibt sie noch heute. ATS (= Auto Technisches Spezialzubehör) wurde 1969 von Günther Schmid in Bad Dürkheim gegründet und machte sich in den 70er und 80er Jahren einen sehr guten Namen mit VW- und Porsche-Felgen sowie den AMG-Penta-Felgen für Mercedes-AMG. ATS-Felgen entstanden im Sandgussverfahren, waren also nicht geschmiedet, was eine nahezu freie Formwahl ermöglichte.1977 gründete Schmid sogar ein Formel-1-Rennteam. Im selben Jahr wurde der Oettinger-Käfer auf der IAA aufgenommen.

Ungewohnter Anblick, aber ganz eindrucksvoll: Doppelscheinwerfer vom NSU TT am von Theo Decker gut gewürzten VW 1303. Für einen Wagen seiner Klasse hatte der Käfer schon immer einen ganz guten Lichtauftritt bei Nacht, weil die Scheinwerfer weit auseinander liegen. Durch die Doppelscheinwerfer wirkt er noch breiter. Wenn dieser TDE-Käfer die Lichthupe bei Nacht betätigt, meint der Vorausfahrende, etwas sehr Erwachsenes hinter sich zu haben. Auch hier wieder großzügige Verwendung von Kamei-Zierstreifen. Das war eben Mode.

Das ist 80er-Jahre-Tuning und soll nicht weiter kommentiert werden. Großer Karosserieumbausatz von Schult aus Recklinghausen. Derartige Fahrzeuge sind heute ausgestorben. Entweder wurden sie in einen halbwegs originalen Zustand zurückversetzt oder sie starben den Heldentod. Dieses extreme Optiktuning ist heute (fast) nur noch auf Fotos überliefert.

Auszug aus dem Kamei-Zubehörkatalog 1971 für den Käfer: alles mögliche von sportlich über praktisch bis hin zu überflüssig.

Türablageschale
Mehr Ablageplatz für Straßenkarten, Autoatlas, Putzmittel usw. Alles ist schnell zur Hand. Bisher toter Raum ist nutzbar. Leichte Anbringung für 2- und 4-türige Fahrzeuge; schlagfester schwarzer Kunststoff.

	Art.-Nr.
840 mm breit	**50-4-037**
740 mm breit	**50-4-160**
60 mm tief	

Konsole design reg.

für VW-Käfer und VW 1600	Art.-Nr.
bis Aug. 67	**50-2-105**
ab Aug. 67	**50-2-106**
VW 1600 Automatic	**50-2-107**

Konsole Universal

	Art.-Nr.
für Opel, Ford, Simca, Peugeot, Mercedes	**50-2-140**
für Ford P5/P7, Escort, Capri, Simca 1301/1501, Mercedes 200/250	**50-2-141**
Fiat 124	**50-2-145**

Kofferraum-Box für VW 1302	Art.-Nr. **50-2-200**

DBGM
schafft Ordnung im Kofferraum
Alle Teile der Bordausstattung haben ihren festen Platz. Individuelle Rastereinteilung.

Die KAMEI-Konsolen befinden sich auf dem Rahmentunnel des Fahrzeuges und schaffen zusätzlichen Ablageraum für Kleinutensilien. Außerdem können sie als Instrumententräger verwendet werden (Cockpit).

KAMEI *Komfort*

Besonders edel wirkt die Kunststoff-Mittelkonsole mit selbst klebender Holzfurnier-Imitatfolie, die auch den 1303 des Autors schmückte, als er ihn 1983 erwarb. Zwar praktisch, aber irgendwie auch lächerlich.

Auf jeden Fall gut durchdacht: Sicherheits-Ablagebox mit Knieschutz für den 1302 von 1971, damaliger Preis 58 D-Mark.

Kein Werkszubehör: Milchkannenhalter am Heck von Käfern, mit denen schweizerische Alpbauern ihre Milch ins Tal bringen. Aufnahme 1974 an einer Milchsammelstelle. Man könnte meinen, dass schweizerische Alpbauern ausschließlich VW Käfer fuhren.

Nah und fern der Heimat.

VW 1302 und 1303 für spezielle Auslandsmärkte

MAR
5776

Auf allen Kontinenten wurden VW Käfer gebaut, teilweise dem deutschen Original entsprechend, oft auch mit lokalen Besonderheiten. Aber die heftig modifizierten Modelle 1302 und 1303 waren auf Deutschland beschränkt. Lediglich als CKD-Kits liefen sie im Ausland vom Band. Das heißt, komplette Fahrzeuge wurden quasi als Bausatz exportiert und in fernen Ländern montiert. Der Grund dafür lag darin, dass gewisse Staaten eine hohe Einfuhrsteuer auf komplette Autos erhoben, aber nicht auf deren Komponenten. Sie zwangen die Hersteller zur lokalen Montage und sicherten dadurch Arbeitsplätze im eigenen Lande. 1302 und 1302 S als CKD-Kits gab es in Portugal, TAS (Tvornica Automobil Sarajevo) schraubte wenige 1303 S in Jugoslawien zusammen und in Australien liefen der 1302 als Volkswagen S und der 1303 als Volkswagen L, beide offiziell als Superbug vermarktet, vom Band. Diese Fahrzeuge entsprachen minutiös dem deutschen Original, denn schließlich wurden sämtliche Einzelteile hier produziert. Lediglich wenige Komponenten wie Reifen, Batterie oder Innenraumstoffe entstammten der lokalen Wirtschaft. Weiter im Orbit verbreitet als die 1302 und 1303 selber waren ihre Motoren: Die 44- und 50-PS-Maschinen trieben so machen Auslands-Käfer auf altem Fahrgestell an.
Es gab dennoch ganz besondere 1302 und 1303 jenseits der Heimat – die US-Versionen, wenngleich sie alle aus Deutschland stammten. Die südafrikanische Volkswagen-Filiale hingegen vertrieb eine Eigenkreation mit deutlichen Anleihen am 1303.

Jenseits des Atlantiks: Beetle, Bug und »The Volkswagen«

Die US-Käfer versprühten wegen ihrer stattlichen Erscheinung schon immer ein besonderes Flair. In den amerikanischen Besatzungszonen waren sie an der Tagesordnung, denn die GIs kauften in Deutschland die Wagen in US-Spezifikationen, fuhren sie während ihrer Dienstzeit und nahmen sie nach deren Ablauf mit nach Hause.
Nur wenige spezielle US-Attribute waren in Europa erhältlich. So war im 1303 eine sündhaft teure Klimaanlage als Extra zu haben, und der gelb-schwarze Renner verfügte über das geschlitzte vordere Abschlussblech des US-Modells. Die Schlitze dienten dort der Belüftung der Klimaanlage, dem Sondermodell verhalfen sie lediglich zu einem sportlichen Touch. Aber viele in die allgemeine Serie eingeflossene Besonderheiten resultierten aus Erfordernissen des US-Exportes, beispielsweise die so genannten Eisenbahnschienen-Stoßstangen, die vertikal stehenden Scheinwerfer sowie die »Elefantenfuß«-Rückleuchten, und die gesamte Existenz des VW 1302 und 1303 verdankt der Markt ausschließlich den US-Sicherheitsbestimmungen.
Die USA-Versionen unterschieden sich von den europäischen durch zahlreiche Modifikationen. Einige davon entsprachen dem dortigen Geschmack, andere kamen legislativen Auflagen nach. So hatten die US-Käfer Sealed-Beam-Scheinwerfer und ab 1970 spezielle vordere Blinker, größer als die europäischen, etwas eckiger gestaltet, und mit integrierten Positionsleuchten. Diese Blinker auf den Kotflügeln blieben dem 1303 bis zum Cabriolet-Produktionsende 1980 erhalten, während europäische Käfer die vorderen Blinker ab 1975 in den Stoßstangen trugen. Die 1303-Rückleuchten entsprachen den US-Regeln, weil sie auch von der Seite zu sehen waren; diejenigen des 1302 mussten mit einem seitlichen Markierungsrückstrahler versehen werden. Die Rücklichter waren jeweils komplett rot gefärbt ohne orangefarbene Blinker-Sektion (in den USA wird hinten rot geblinkt, was in Westdeutschland bis 1969 auch erlaubt war, wenngleich nicht verbreitet). Weitere Charakteristika: Meilen-Tachos und Zweikreis-Bremsanlage mit Kontrollleuchte am Armaturenbrett, die Reifen hatten Verschleißanzeiger, es gab einen

»Je älter er wird, desto besser wird er.« Volkswagen hatte nicht nur gute und einprägsame deutschsprachige Werbeslogans. VW of North America war diesbezüglich ebenso kreativ. Cover des USA-Prospektes von 1972.

Summer für den Zünd/Anlass-Schalter, die Wagen konnten nicht gestartet werden ohne dass der Fahrer angeschnallt war (ab 1973), Pflicht waren vordere Kopfstützen, Verbundglas-Frontscheiben, Sicherheitsgurte, alle Innenraumteile mussten aus nicht brennbaren Materialien sein, die Türen und A-Säulen waren wegen des Seitenaufprallschutzes verstärkt, und am Armaturenbrett musste die Chassis-Nummer angebracht und von außen lesbar sein. Lichthupe und Lenkschloss entfielen. Die hauptsächliche Besonderheit der US-Käfer waren natürlich die besonders massiven Stoßfänger. Entsprachen die »Eisenbahnschienen« des 1302 noch den US-Regeln, so wurden die Gesetze im Laufe der Jahre immer rigider, und der 1303 brauchte ab 1974 Stoßfänger, die mittels zweier Teleskopstoßdämpfer einen leichten Aufprall mit 8 km/h schadlos wegstecken konnten und zusätzlich höher positioniert sein mussten. Sie verliehen den US-1303, vor allem den häufig nach Europa reimportierten Cabriolets, ihr besonders bulliges Aussehen.

Eher Geschmacksache waren spezielle Farb- und Ausstattungsvarianten. Die Amerikaner liebten Weißwandreifen, viel Chromzierrat, eine Klimaanlage (deren Kühlung die Schlitze im vorderen Abschlussblech dienten), getönte Wärmeschutz-Verglasung rundum, sie überließen das Schalten gerne einer Automatik und lümmelten sich lieber in kuscheligen Stoffsitzen als auf rutschigem Kunstleder. Ihre Käfer hatten alle erdenklichen Luxus-Extras und waren sehr häufig in Metallicfarbtönen lackiert. VW-Händler hielten so genannte Dealer-packages bereit mit Extras, die nicht ab Werk montiert wurden und made in USA waren. Beliebt waren spezielle Magnesium-Felgen (oder Radkappen im Stile derselben), Vinyl-Schutzdecken für die vordere Haube, Stoßstangenhörner und selbstklebende Dekorsätze aller Art.

Ab dem Modelljahr 1970 hatten alle US-Käfer ausschließlich den 47 PS starken 1584-cm³-Motor aus dem Transporter mit einfachem Einlasskanal am Zylinderkopf. In Europa debütierte der 1,6 Liter erst im Folgejahr im 1302, und dann mit Doppeleinlasskanal am Zylinderkopf. Die USA-Maschinen entsprachen den dortigen Abgasvorschriften, VW passte sie den sich jährlich ändernden Regelungen an. 1975 wurde der Katalysator in Nordamerika Pflicht, und die Abgasbestimmungen, je nach Bundesstaat unterschiedlich, waren in Kalifornien am strengsten. Um also in ganz USA vermarktet werden zu können, mussten die US-Käfer die Kalifornien-Bestimmungen einhalten. Dazu bekam der US-Käfer ab 1974 einen anderen Motor, nämlich dieselbe Maschine wie im 1302/1303 S, dessen Zylinderkopf einen Doppelansaugkanal besaß. Mit Kat und Einspritzanlage, der Bosch L-Jetronic, leistete er nun 50 PS (gilt auch für den Export nach Japan). Diese Wagen sind äußerlich am einzelnen Auspuff-Endrohr zu erkennen. In manchen Bereichen waren Europa-Käfer den US-Versionen aber auch voraus: So gab es jenseits des Atlantiks nie vordere Scheibenbremsen. Und die L-Jetronic erwies sich anfangs als ziemlich störanfällig.

Ein in Deutschland zugelassener TDE-1302, der mit US-Leuchten aufgewertet wurde: Die »Bügeleisen«, also die hinteren Leuchten, haben einen seitlichen Reflektor und durchgängig rotes Glas, denn in den USA blinkt man hinten rot. Die vorderen Blinker sind weit größer als die europäischen und das Glas ist um die Ecke gezogen, denn es beinhaltet auch das Standlicht. Hintergrund ist die US-Vorschrift, dass Fahrzeuge seitliche Reflektoren haben müssen. Die Felgen: Cyclone-Interceptor-Chromfelgen im Empi-Stil, sehr amerikanisch.

Bevor die verstärkten US-Bumpers Pflicht wurden, reichten die »Eisenbahnschienen-Stoßstangen« aus, die 1967 eingeführt worden waren, um den US-Gesetzen zu genügen. Gut zu sehen am '72er US-1302: sealed-beam-Scheinwerfer, große Blinker und natürlich Weißringreifen zu einer Zeit, als diese Mode in good old Europe längst passé war.

Blick ins Innere eines 1302 L mit US-Spezifikationen: gepolstertes Armaturenbrett, zusätzliches Holzdekor, Schaltknauf aus Holz und ein richtig fetziges Lenkrad, das auch einem italienischen oder britischen Roadster stehen würde.

Privater Schnappschuss einer Campingszene in den USA mit frühem 1302. Er zieht den farblich passenden Campinganhänger mit integriertem, aufklappbarem Zelt. Praktische Sache: Man liegt nicht auf der Luma auf dem Boden, die nächtliche Feuchtigkeit kriecht einem nicht in die Knochen. Das erinnert an den Camptourist vom VEB Fahrzeugwerk Olbernhau, mit dem, am Trabant-Haken angekuppelt, die DDR-Bürger Urlaub am Plattensee machten.

US-Kleinstadt-Idylle 1972, ein regnerischer Sonntagmorgen, Kirchgang. Die einen kommen mit dem Ford Gran Torino, die anderen mit dem VW 1302. So unterschiedlich die Autos auch sind, in der Kirche sitzen beide nebeneinander. Und, wer weiß, vielleicht hat der Käfer-Fahrer auch ein viel größeres Auto als den Torino in der Garage stehen, einen Lincoln oder Cadillac.

1972er 1302 Cabriolet mit US-Spezifikationen und den fast schon obligatorischen White Wall Tires. Trotz offiziellem Werbefoto von VW of North America: Wenn man das Verdeck korrekt zusammenklappt, ragt es nicht so hoch auf.

Ab 1975 kamen alle Käfer aus Emden. Zuvor waren hauptsächlich die für den Übersee-Export bestimmt Käfer dort hergestellt worden. Foto: Produktion in Ostfriesland 1971.

Cover des 1974er US-Prospektes, ein schwimmender 1303. Das ist zwar schön in Szene gesetzt. Dennoch fragt sich der aufgeklärte Käferist: Was will uns dieses Foto sagen?

Im Inneren wird es klarer: »the toughest bugs we've ever built«, also die zähesten Käfer. Und was der arme 1303 fürs Prospektfoto leisten muss, ist schon beachtlich – vor allem, wenn man bedenkt, dass er das oftmals wiederholen musste, bis das Foto im Kasten war.

Europa-1303 im Besitz eines in Deutschland stationierten US-Soldaten, tiefer gelegt und mit Frontspoiler versehen. Die Kennzeichen im typischen US-Format waren froschgrün und trugen einen jährlich wechselnden Aufkleber mit Monatshinweis, bis wann die Steuer für das Auto bezahlt ist – in diesem Falle bis March, also März.

Ein Vertreter des 1974er Jahrgangs, ebenfalls ein 1303 A mit minimalem Chromschmuck und ebenfalls schwarzen Felgen. Er ist stolz auf seine verstärkten US-Stoßfänger, die einen Impakt von 8 km/h schadlos wegstecken können.

Ein typisches Auto für College-Studenten in den USA war der VW 1303 A, dortselbst offenbar mit schwarz lackierten Felgen ausgeliefert. Dieses dunkelblaue 1973er Exemplar trägt noch die zahmere Version der Stoßstangen, also die auch in Europa verwendeten »Eisenbahnschienen«. Und er hat das volle 1303-Chromornat.

Auszug aus dem 1974er Prospekt der »Dealer Options«, also des Zubehörs, das der VW-Händler bereit hielt und das nicht ab Werk verbaut wurde. Lauter »nice things«, wie VW sagt, zum Beispiel Dekostreifen oder Radkappen im Magnesium-Stil.

Beetle oder Bug

Wann heißt der Käfer in Nordamerika nun Beetle und wann Bug? Die Antwort ist einfach. Beetle, die wörtliche Übersetzung von Käfer ins Englische, heißt er vornehmlich in Kanada, ebenso im englischsprachigen Teil Europas. Die Nordamerikaner hingegen sagen Bug, zu deutsch Wanze, also eine amerikanische Verniedlichung des Beetle, sozusagen ein Kosename des Kosenamens. Diese Bezeichnung war nie offiziell, wurde aber – so wie der Name Käfer in Deutschland – vom Werk augenzwinkernd akzeptiert und bei den Sondermodellen sogar als Fahrzeugbezeichnung verwandt. Der normale Käfer wurde in Nordamerika stets als »The Volkswagen« vermarktet.

Besonderheiten auch im Europa-Export

Nahezu jedes Land hatte seine Eigenheiten in Sachen Verkehrs- und Zulassungsvorschriften, auch die europäischen Staaten, solange sie noch selbst verantwortlich regiert und nicht an EU-Richtlinien gebunden waren. Sie alle aufzuzählen, würde den hier gesteckten Rahmen sprengen. Einige Besonderheiten: Lange Zeit waren die gelben Scheinwerfer charakteristisch für französische Käfer, und die weißen Blinkergläser mit orangefarbenen Glühlampen stellten eine italienische und französische Eigenheit dar. Italien-Käfer hatten überdies gelbe Schlussleuchten und, ebenso wie dänische und norwegische, ein Loch in den Vorderblinkerabdeckungen, damit die Leuchten auch seitlich zu sehen sind. In Österreich musste gleichzeitig mit der Lichthupe die hintere Kennzeichenbeleuchtung aktiviert sein. Manche Länder wie Schweden schrieben einen rechten Außenspiegel oder selbst nachstellende Trommelbremsen vor, andere verlangten Kopfstützen, Sicherheitslenkräder, hintere Sicherheitsgurte, einen zweistufigen Scheibenwischermotor oder Halogenlampen anstelle von Glühlampen in den Scheinwerfern. Und in vielen Exportländern wurden die VW 1302 und 1303 nicht mit einer spezifischen Typbezeichnung auf der Motorhaube ausgeliefert, sondern, wie in den USA, mit dem Schriftzug »Volkswagen«.

Eine blumige Angelegenheit ist dieses 1302 Cabriolet mit italienischer Zulassung. Gut zu sehen die speziellen Vorderblinker: Das eigentliche Blinkerglas ist weiß und seitlich tragen die Abdeckkappen kleine Öffnungen mit orangefarbenem Glas, im Profil sichtbar. Letztlich das gleiche Prinzip wie die US-Blinker, aber anders ausgeführt.

1303 mit Rechtslenkung am Südseestrand. Rechtslenker sind mitnichten nur für den Markt in Großbritannien bestimmt. Das Lenkrad auf der »falschen« Seite trägt man auch in Japan, Indien, Südafrika, Australien und vielfach in ehedem britischen Kolonien – eben überall dort, wo Linksverkehr herrschte. Und in Schweden wurde am 3. September 1967 von Links- auf Rechtsverkehr umgestellt.

Der Super Beetle aus Südafrika

Wer die Käfer-Silhouette intus hat, wird beim Anblick der südafrikanischen Spezialität irritiert, wenn nicht verstört. Auf den ersten Blick ein 1303, auf den zweiten ein normaler Käfer. Oder doch eine Kombination von beidem? Was dem Betrachter als Bewusstseinstrübung erscheint, ist in Wahrheit ein spezieller Käfer, in Südafrika gebaut und nur für den Heimatmarkt bestimmt. Sein Name: Volkswagen 1600 S Super Beetle. Seine Entwicklung war eine Initiative des damaligen Chefingenieurs von Volkswagen South Africa, Tucker D. Lockhead, und auf seine Initialen geht auch die inoffizielle Bezeichnung des 1600 S zurück, nämlich TDL-Beetle. Der TDL-Beetle ist in der Tat eine Kombination aus Käfer mit kurzem Vorderwagen und 1303. Die Idee der Südafrikaner war, den Käufern einen etwas moderneren Käfer anbieten zu können, ohne dabei die tief greifenden Änderungen übernehmen zu müssen, die in Deutschland zum VW 1302/1303 geführt hatten. So basiert der TDL auf dem normalen Fahrgestell mit üblichem Fahrwerk (in Südafrika: Volkswagen 1600 L Beetle), mit Trommelbremsen und Fünf-Loch-Felgen. Darüber wurde eine modifizierte »alte« Karosserie gestülpt. Die Dachform und die gewölbte Windschutzscheibe stammten vom 1303. Wegen der Vorderachse ohne Federbeine konnte die verlängerte Frontpartie vom 1303 nicht übernommen werden. Also mussten die südafrikanischen Ingenieure ihre eigene Front gestalten, die sich sowohl an die Panoramascheibe anfügte als auch auf das kurze Chassis passte. Die Vorderkotflügel verwendeten sie vom kurzen Käfer, letztmals 1968 mit aufrecht stehenden Scheinwerfern modifiziert. Die hinteren Kotflügel erhielten die »Elefantenfüße« vom 1303, hatten aber

Mindestens irritierend ist der Anblick dieses in unseren Breitengraden unbekannten Käfer. Kein Ur-Käfer, weil Panoramascheibe. Kein 1303, weil kurzer Vorbau. Also eine Käfer-Mutation.

Der Mutant von hinten: Elefantenfüße, die mittels Adaptern der alten Kotflügelform angepasst wurden. Das kennt der Käfer-Enthusiast auch von anderen Montagebetrieben, zum Beispiel Nigeria. Es sieht verboten aus! Aber auch interessant...

TDL-Beetle von Wiking aus Berlin?

Der Berliner Traditionshersteller für Plastikminiaturautos im Maßstab 1:87, Wiking, hat seit allerfrühesten Nachkriegstagen den Käfer im Programm, quasi die Säule der Wiking-Palette, und Inhaber Friedrich Peltzer sowie sein genialer Modellbauer Alfred Kedzierski schufen parallel zum Vorbild neue Käfer – auch 1302 und 1303. Sie erschienen zeitgenössisch, und der 1303 erfährt bis heute immer wieder eine Neuauflage. Aber hier schlampte Wiking. Auf der Bodenplatte des kurzen Käfer schuf Kedzierski neue Karosserien, zunächst 1302, danach 1303. Das bedeutet, die Wiking 1302 und 1303 verfügen nicht über den notwendigen längeren Radstand der Vorbilder und somit passen die Proportionen nicht – was auch im winzigen Maßstab 1:87 durchaus zu erkennen ist. Gerade dem 1303 sieht man das deutlich an. Wiking machte aus seinem Käfer 1300 also genau dasselbe wie Volkswagen South Africa, nämlich einen TDL-Beetle mit Panoramawindschutzscheibe und kurzem Vorbau auf dem Fahrgestell mit Rahmenkopf und Kugelbolzen-Vorderache. Obwohl kaum ein Miniaturauto-Sammelgebiet mehr debattiert und aufgearbeitet wird als Wiking, hat das bisher noch niemand thematisiert – wohl schlichtweg aus Unkenntnis über den kuriosen TDL-Beetle fern der Heimat.

Wiking machte aus dem Ur-Käfer, hier einem 1300er mit Eisenbahnschienen-Stoßstangen, einen 1303, ohne den Radstand oder den Vorbau zu verlängern. Grün der VW 1300, braun der 1303. Der Wiking 1303 entstand also nach dem TDL-Beetle-Rezept.

keine modifizierte Form. Also mussten die großen Rücklichter mittels eines Adapters der alten Kotflügelform angepasst werden, was dem Wagen von hinten einen etwas provisorischen oder, positiv ausgedrückt, einen äußerst eigenständigen Charakter verleiht. Während Volkswagen South Africa die Karosserieblechteile der Frontpartie in der eigenen Fabrik in Uitenhage herstellte, wurden Dachpartie, Windschutzscheibe und Armaturenbrett direkt aus Deutschland bezogen. Weitere Besonderheiten des TDL-Beetle: ein modifiziertes Belüftungssystem, spezielle Vordersitze mit verstellbaren Kopfstützen und mit besonders feinen, importierten Stoffen bezogen, eine ausgeprägte Geräuschdämmung des Innenraums, mattschwarze Scheibenwischerarme und 155-SR-15-Gürtelreifen auf Lemmerz-Sprintstar-Felgen. Zudem verfügte der TDL-Beetle über sämtliche Attribute des örtlichen Beetle Deluxe.
Am 7. Mai 1975 debütierte der Volkswagen 1600 S Super Beetle, die Produktion begann im Juli. Ihm war keine lange Zukunft beschieden, nach rund 5000 Exemplaren wurde die Produktion im Juli 1978 eingestellt. Ein halbes Jahr später, im Januar 1979, verschwand auch der Standard-Käfer von den südafrikanischen Bändern.

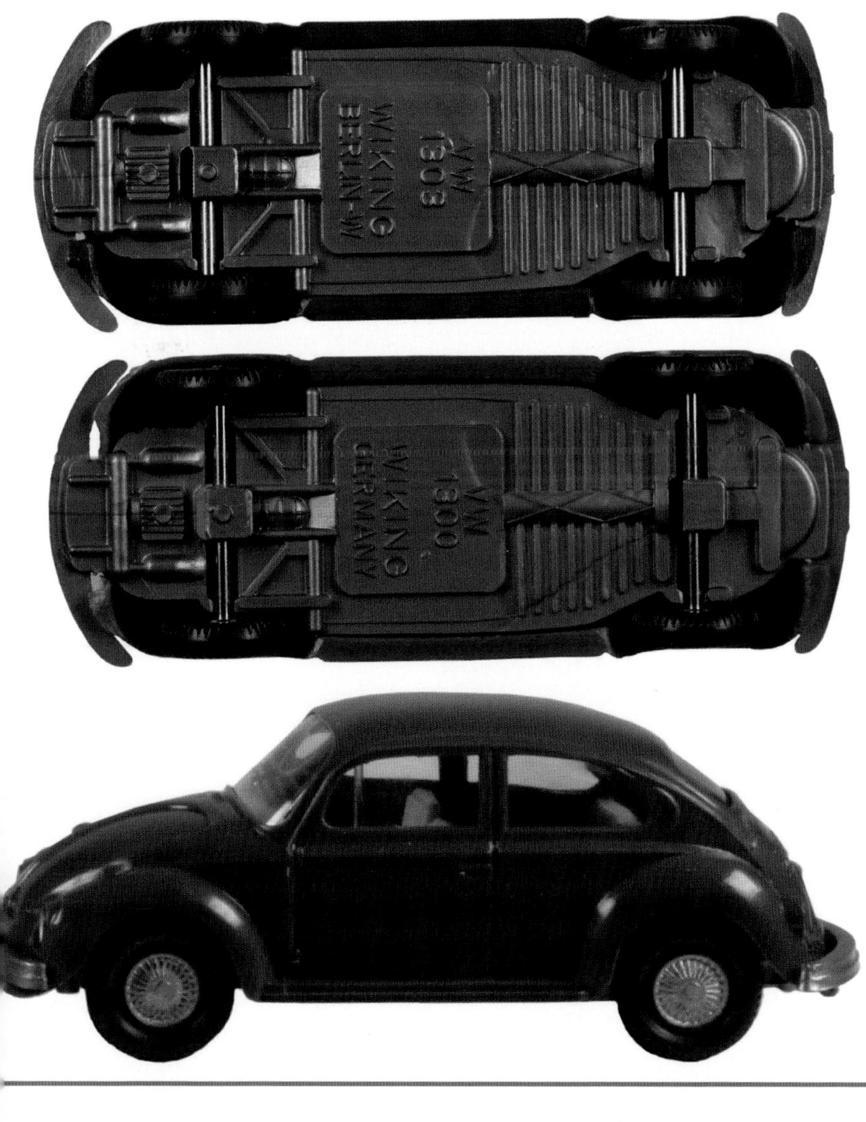

Die Bauchschau belegt es: Die beiden Chassis sind gleich lang und entstammen, abgesehen von der modifizierten Beschriftung, der gleichen Spritzform.

Spezielle Käfer jenseits der Großserie:

Sonder- und Aktionsmodelle

Jeans

Der Trend zu Sondermodellen setzte Ende der 60er Jahre ein. Zuvor war eine Absatzförderung quasi unnötig gewesen. Ab dem Wirtschaftswunder in den 50er Jahren und in der ersten Hälfte der 60er, als die Wirtschaft weiter boomte und die Westdeutschen auf einem sehr hohen Niveau lebten, verkauften sich Autos in der Bundesrepublik Deutschland von selbst. Das jährliche Wirtschaftswachstum hatte damals um die neun Prozent betragen, es herrschte Vollbeschäftigung. Ausgerechnet in der Zeit, als der »Vater des Wirtschaftswunders«, Ludwig Erhard selbst, Kanzler war, 1966/67, erlebte die Bundesrepublik ihre erste Wirtschaftsdelle. 1967 gab es erstmals kein Wirtschaftswachstum, die Arbeitslosenquote stieg auf 2,2 Prozent, die Preise gingen in die Höhe, Kredite wurden teurer, Investitionen gingen deshalb zurück, die Bundesregierung beschloss ein Sparprogramm.

Die Autohersteller mussten reagieren. Nicht alle. Denn nicht alle waren betroffen. Am meisten betroffen waren Opel und Ford, und Opel beispielsweise kurbelte den Verkauf mit 10.000 standardisierten Rekord C in Creme oder Siriusblau an. Dieser Festival-Rekord vom November 1967 plus einer zweiten Auflage ein Jahr später dürfte wohl das erste oder eines der ersten Werkssondermodelle in großer Stückzahl gewesen sein. Volkswagen hingegen hatte das nicht nötig. Unter Heinrich Nordhoff hatte Volkswagen gar nichts nötig.

Im zweiten Halbjahr 1967 gab es die erste Serie des ausschließlich cremefarbenen Spar-Rekord mit vereinfachter Innenausstattung und 1,5-Liter-Motor, optisch erkennbar an lackierten seitlichen Fensterrahmen und Kadett-Radkappen. Ein Jahr später wurde die Sonderserie erneut aufgelegt (Bild), nunmehr auch mit 1,7-Liter-Motor und in zwei Farbtönen. Das waren wohl die ersten Sondermodelle in größeren Stückzahlen.

Viele, viele Käfer und ein altes Ford Model T. Nicht überliefert ist, ob sich das Volkswagenwerk den Ford auslieh oder ihn sogar erwarb. Immerhin musste er im Februar 1972 für sehr viele Fotomotive und Präsentationen herhalten.

In den frühen 70ern setzte der Sondermodell-Boom ein. Besonders komplett oder besonders preiswert ausgestattete Fahrzeuge sollten den Absatz in Zeiten dümpelnder Konjunktur, aber auch im verkaufsschwachen zweiten Lebenszyklus eines Automodelllebens ankurbeln. Einen Höhepunkt erlebten sie in den Jahren 1973 und 1974, als der Automobilverkauf wegen der Ölkrise und, in deren Folge, der Benzinverteuerung, ideologischen Autoverdammung und autofreien Sonntage ins Bodenlose stürzte. Seitdem sind spezielle Auflagen ein fester Bestandteil im Programm der Massenhersteller. Dem Wunsch der Käufer nach Individualität folgend, legten die Anbieter fortan großen Wert darauf, dass ihre Stückzahlen klein sind und somit Exklusivität garantieren. Aber es ist hierbei, wie bei den meisten Limitierungen: Das Versprechen der Exklusivität ist eine hohle Phrase. Die Hersteller wissen genau, wie viele Fahrzeuge einer Art sie verkaufen können, und genau so viele produzieren sie – das war damals so und das ist heute so.

Speziell beim VW 1303 sind die Sondermodelle noch unter einem anderen Aspekt zu sehen: Das Volkswagenwerk bemühte sich, den Käfer nach der Golf-Markteinführung weiterhin attraktiv zu halten.
Sondermodelle sind limitierte Auflagen, die sich von der Serie unterscheiden. Das Wort umfasst ein breites Spektrum, vom ganz normalen Fließbandauto mit drei Extras zum günstigeren Preis bis hin zu individuell aufgemachten Wagen in Speziallackierungen, deren Farbton und/oder spezifische Ausstattung normalerweise weder gegen Geld noch gute Worte zu haben sind. Während der VW 1302 in Deutschland nur zwei populäre Sonderserien erfuhr (Jubiläums- und Weltmeister-Käfer), sind vom 1303 mindestens drei im Gedächtnis geblieben (Gelb-schwarzer Renner, City- und Big-Käfer). Aber es gab weit mehr, manche waren im Heimatland nicht erhältlich, und eine Sonderserie war sogar nur für einige, ganz bestimmte Personen reserviert. Und diese ganz bestimmten Personen mussten nicht mal dafür bezahlen.

Von Weltmeistern und Maikäfern: Die Sondermodelle des VW 1302

Das erste 1302-Sondermodell war im Herbst 1971 der Jubiläums-Käfer, anlässlich des 20-millionsten Volkswagens aller Typen. Der 1302 S in Saturngelb L13M trug Sprintstar-Felgen, hatte ein gepolstertes Armaturenbrett, Gebläse, heizbare Heckscheibe, Scheibenwischer-Intervallschaltung, Rückfahrscheinwerfer und wurde mit einem Echtheits-Zertifikat versehen. Auf dem Handschuhfachdeckel prangte eine goldene Plakette mit der jeweiligen Fahrgestell-Nummer. Der Jubiläums-Käfer wurde 15.000 Mal aufgelegt.

Nachdem der Volkswagen am 17. Februar 1972 Produktionsweltmeister geworden war und nach 15.007.034 verkauften Käfer das Ford T-Modell abgelöst hatte, lancierte das Werk die zweite 1302-Sonderserie, den Weltmeister-Käfer in rund 6000 Exemplaren. Sein Charakteristikum war neben den speziellen Lemmerz-Sportfelgen (in Deutschland »Marathon-Räder«, in den USA »Baja-Wheels« genannt) die Lackierung in Hellblaumetallic. Diese Farbe Marathonmetallic L96M wurde eigens für den Weltmeister kreiert und war danach Bestandteil der VW-Palette, auch noch in 1303-Zeiten. Der Weltmeister hatte Halogenscheinwerfer, eine Doppeltonhupe, Rückfahrscheinwerfer, eine heizbare Heckscheibe, schwarze Cordsitze, ein gepolstertes Armaturenbrett, Gummimatten sowie Gummileisten auf den Stoßstangen. Und auf der Heckscheibe prangte der aufgeklebte Schriftzug »Ich bin der Welt meister« (sic!). Das Werk legte einige Souvenirs bei: eine Broschüre mit geschichtlichem Abriss, ein Zertifikat, einen Schlüsselanhänger, einen Aufkleber, ein kleines Käfer-Modell als Anhänger für eine Halskette sowie eine runde, goldfarbene Medaille mit der Aufschrift »Der Weltmeister 1972, Wolfsburg, Germany« und einer aufgeprägten Käfer-Profilansicht. Im VW-Verkauf war der Weltmeister-Käfer für 6930 D-Mark vom 19. Februar bis 31. März 1972. Aber er ging weg wie warme Semmeln, die komplette Auflage war bereits im Februar ausverkauft.

Sehr ähnlich dem europäischen Weltmeister-Käfer war das 1302-Sondermodell Baja Champion SE für die USA, ebenfalls 1972 verkauft und 1000 Mal produziert. Der 1302 in Marathonmetallic L96M mit den Lemmerz-Weltmeisterfelgen hatte natürlich US-Spezifikationen. Er wurde anlässlich der VW-Siege bei den amerikanischen Baja-Championaten zwischen 1967 und 1971 aufgelegt und trug »Baja«-Logos auf der Motorhaube und dem Handschuhfachdeckel. Neben dem geschlitzten vorderen Abschlussblech bestimmten zwei auf die Stoßstangen montierte, große Bosch-Zusatzscheinwerfer die Front. Für den Baja Champion SE gab es ein optionales Ausstattungspaket (»Baja Beetle package«): einen breiten Seitenstreifen mit »Baja«-Aufschrift oberhalb der Trittbretter, Stoßstangenhörner, Radkappen im Magnesium-Stil, Lenkradüberzug aus Leder, Holzimitat für das Armaturenbrett und spezieller Schaltknauf.

Weniger spektakulär war im Jahre 1972 der Mai-Käfer für Europa. Der 1302 in Saturngelb L13M, Blutorange L21E oder Weidengrün L63K hatte Cord-Sitzbezüge in schwarz, alabaster oder beige, dazu eine heizbare Heckscheibe, Rückfahrscheinwerfer, Stahlgürtelreifen, Radio und Schiebedach. Die Mai-Käfer-Aktion dauerte vom 15. April bis 16. Juni 1972; 14.100 Wagen wurden produziert, davon 6666 für Deutschland zum Preis von 6666 D-Mark.

Spannender war die auf 210 Exemplare limitierte Sonderserie VW 1302 GT des österreichischen Importeurs Porsche Austria im Sommer 1971. Das war ein silberner 1302 S mit beiden Hauben in mattschwarz und mit Streifen in den österreichischen Rennfarben Rot und Weiß versehen. Im unteren Türbereich verlief ein schwarzer Streifen mit

Den Ford besiegt: Zum Stückzahl-Superlativ wurde der Käfer am 17. Februar 1972, und dafür putzte er sich ganz schön heraus. Das Weltmeister-Sondermodell war bis dato das attraktivste, und in die Weltmeisterfelgen verliebte sich das Käfer-Deutschland sofort. Jeder wollte Weltmeister-Felgen auf seinem Käfer haben.

»GT«-Logo, das hintere Seitenteil schmückte eine schwarz/weiß karierte Klebefolie. Die 1302-S-Maschine leistete dank höherer Verdichtung und Doppelvergaseranlage 65 PS und machte den VW 1302 GT 145 km/h schnell. Angeregt wurde die Sonderserie durch die erfolgreichen Rallye-Käfer von Porsche Austria. Die Herstellung (Lackier- und Tuningarbeiten, Anbringen der Klebefolien) erfolgte aus serienmäßigen 1302 S durch den jeweiligen Händler, der die dafür notwendigen Teile von Porsche Austria bezog. Eine rein amerikanische Angelegenheit war der Formula Vee Beetle von 1970, und er war kein Sondermodell ab Werk, sondern mutierte aus einem Serien-1302-S mittels eines vom US-Importeur zusammen gestellten »Dealer Package«, das vom jeweiligen Händler montiert werden musste. Es umfasste Magnesium-Felgen, einen Zierstreifen oberhalb der Trittbretter, Stoßstangenhörner, gepolstertes Armaturenbrett, Radio sowie Schaltknauf aus Holz mit Wolfsburger Wappen. Die meisten Formula Vee Beetle waren gelb, weil es sich um eine Abverkaufsaktion von Haldenfahrzeugen handelte. Aber das »Dealer Package« passte natürlich jedem 1302 in beliebiger Farbe.

Jedem Weltmeister lag eine Broschüre im DIN-A-5-Format bei.

Kein Weltmeister ist auf dem Firmenhof von VW Scheller in Gießen zu sehen. Aber sehr prominent ein Plakat. VW schrieb nicht »Weltmeister«, sondern setzte zwischen »Welt« und »meister« einen Leerraum. Warum? Wohl, um originell zu sein. Ein Wortspiel ist es jedenfalls nicht.

Sehr ähnlich dem Weltmeister: Der zeitgleiche Baja Champion SE für Nordamerika, gut sichtbar das geschlitzte Frontblech für die Kühlung der Klimaanlage.

Der Rallyestreifen mit »Baja«-Schriftzug war nicht serienmäßig, sondern als Dealer's Extra (»Baja dealer package«) zu haben. Aber die Bosch-Zusatzscheinwerfer mit gelben Gläsern gehörten zur Serienausstattung.

Schnappschuss und Symbol zugleich: abgewirtschafteter Baja Champion SE ohne Trittbrett vor einem amerikanischen Holzhaus, vor ihm ein Honda Accord. Aufnahme 1978. Der Käfer war für den amerikanischen Autopragmatiker seit etwa 1972 nicht mehr alternativlos. Die Japaner boten Wahlmöglichkeiten zum gleichen Preis, weit besser ausgestattet, geräumiger, moderner.

Präsentation der Sonderaktion Maikäfer im Werk Hannover. Drei 1302 und links ein 1200er Sparkäfer, den es auch als Maikäfer gab.

Eine rein österreichische Angelegenheit war der 1302 GT, von dem Wolfsburg so gar nichts wissen wollte – so wenig wie vom Rallye-Käfer von Porsche-Austria: interne Händlerinformation über den 1302 GT vom Juli 1971.

Der Wolf im Käfer-Pelz ist geweckt. Der VW 1302 S als Rallye-Auto hat in jüngster Zeit so manchem stärkeren "Bullen" die Zähne gezeigt. Und diese Erfolge haben eine große Ausstrahlung auf das sport-interessierte Publikum. So mancher will eben selbst einen Rallye-Käfer. Oder einen, der zumindest so aussieht. Gerade viele Jugendliche wollen sich einfach mit ihrem Auto aus der Masse herausheben. Und dabei aber ein problemloses und preiswertes Gefährt fahren.

Wir bringen deshalb ein Sport-Kit heraus. Speziell dem VW 1302 S auf den Käfer-Leib geschneidert ! Und optisch auf unsere Rallye-Fahrzeuge abgestimmt. Der VW GT – wie wir den 1302 S im Rallye-Look nennen – bekommt dabei eine Leistungsspritze von 12 PS ! Das bringt Pulver in die Zylinder ! Und tolles Temperament ! Von 0 auf 100 braucht er um ganze 6 Sekunden weniger als der serienmäßige 1302 S. Und Dauergeschwindigkeit ist rund 145 km/h ! Dabei läuft der Motor elastisch und muß zur optimalen Beschleunigung nicht voll hochgedreht werden. Keine Bedenken hinsichtlich der Lebensdauer !

Der Preis: für die Umbauten und Neuteile S 7.974.--
für Aufkleber und Rallye-Streifen S 150.--

Dazu kommt noch die Montage, für die man ungefähr 10 bis 12 Arbeitsstunden rechnen muß. Zu empfehlen ist außerdem die mattschwarze Lackierung des Kofferraum- und Motordeckels, die je nach Qualität um S 500.-- kostet.

Die Aufkleber und Rallye-Streifen sind speziell auf eine silber-metallic Lackierung des Käfers abgestimmt, die das aggressiv-sportliche Aussehen stark unterstreicht. Wir werden nach und nach alle unsere Rallye-Autos einheitlich in dieser Ausstattung ins Rennen schicken und erhoffen uns dadurch auch eine breitere Publikumswirkung. Sicherlich werden auch in Ihrem Kundenkreis manche sportbegeisterte Käferfahrer diese Aufkleber kaufen. (Wie viele haben doch nach den "Herbie"-Aufklebern verlangt !). Dem sportlichen Image des Käfers und ganz besonders des VW 1302 S wird es auf jeden Fall zugute kommen !

Gelb, wie die meisten, aber ohne Magnesiumfelgen: Volkswagen 1302 S Formula Vee Beetle von 1970, eine Art Resteverwertung zur Entlastung nordamerikanischer Autohalden.

Mister Big und der gelb-schwarze Renner: Die Sondermodelle des VW 1303

Die populärsten 1303-Editionsmodelle liefen im Jahre 1973. Gleich im Januar startete die 3500 Exemplare umfassende Serie gelb-schwarzer Renner (Verkaufsstart 27. Dezember 1972), ein 1303 S in Saturngelb 13M mit mattschwarzen Hauben und Chromteilen (außer Scheinwerferzierringen, Blinkerabdeckungen und Außenspiegel); der Heckschriftzug, die Zierleiste auf der vorderen Haube sowie die Stoßstangenzierstreifen waren in Gelb gehalten. Vorne hatte der Renner das geschlitzte Abschlussblech der US-Version, er rollte auf 175/70 HR 15-Gürtelreifen auf Lemmerz-Stahlsportfelgen (5 ½ J x 15), hatte ein schwarzes Interieur mit Sportsitzen und Leder-Sportlenkrad. Preis: 7650 D-Mark.
Der gelb-schwarze Renner war in Käfer-Kreisen eine Sensation, verlieh das Werk dem Wagen doch erstmals in der Geschichte einen sportlichen Touch. Angekreidet wurde ihm seitens der Liebhabergemeinde lediglich, dass Volkswagen dem Renner nicht die geringste Mehrleistung angedeihen ließ. Dennoch war er Anlass für eine nervöse Bundestagsanfrage mit dem Inhalt, warum das Volkswagenwerk in Zeiten der Benzinverknappung mit seinem gelb-schwarzen Renner ausgerechnet ein Zeichen für automobile Sportlichkeit setze. Allerdings gab es für den gelb-schwarzen Renner (szeneintern GSR genannt) eine amtliche Tuningfreigabe seitens des Werkes bis 100 PS und 165 km/h Höchstgeschwindigkeit. Und das nützte so mancher Tuner weidlich aus.
Auf der IAA im Herbst 1973 folgten der Big- und der City-Käfer, beider Verkauf startete am 15. September. Den Big-Käfer, einen 1303 S in Hellasmetallic L98C (ein Beigeton), Ontariometallic L95M (mittelblau) und Moosmetallic L95C (dunkelgrün), offerierte das Werk für 7670 D-Mark. Seine Flanken waren oberhalb der Trittbretter mit einem schwarzen Seitenstreifen mit Aufschrift »1303/big« geschmückt. Auch er rollte auf Lemmerz-Stahlsportfelgen. Der Big-Käfer war besonders fein ausgestattet: Cordsitze mit breiten, gewebten Streifen passend zur Wagenfarbe, Teppichboden, Holzapplikationen am Armaturenbrett, vinylumschäumtes Lenkrad, spezieller Schaltknauf, Radio, Automatikgurte, abschließbare Motorhaube, Stoßstangen mit Gummileisten, Rückfahrscheinwerfer, abblendbarer Innenspiegel.
Parallel zum Big-Käfer erschien der City-Käfer mit 44 PS für 7440 D-Mark, lieferbar in Ibizarot L31M, Ischiametallic L99M (grün) und Ontariometallic L95M (mittelblau), ebenfalls mit Seitenstreifen (Aufschrift »1303/City«) und Lemmerz-Felgen. Die Innenausstattung entsprach weitgehend dem Big-Käfer, Kopfstützen waren optional, und die in Deutschland ausgelieferten City-Käfer hatten eine in die Fahrer-Sonnenblende integrierte Parkscheibe.
Von März bis Mai 1973 liefen bei VW die Frühjahrs-Aktionsmodelle unter dem Namen »Drei Käfer auf Extratouren«. Diese Aktion wurde von dem Film »Ein Käfer auf Extratour« (englisch: »Superbug. The Wild One«) mit Robert Mark in der Hauptrolle inspiriert. Damals waren in Deutschland Käfer-Komödien populär, sozusagen als Epigonen der Herbie-Filme von Walt Disney, und Regisseur Rudolf Zehetgruber drehte gleich mehrere davon, der Käfer im Film hieß Dudu. Zwei der drei Käfer-Aktionsmodelle waren 1303. Der Komfort-Käfer in Ravennagrün L65K oder Blutorange L21E hatte 44 PS, Stahlgürtelreifen, einen abschließbaren Tankdeckel und ein Radio. Er war für 7220 D-Mark zu haben. 7590 Mark kostete der Sport-Käfer mit 50 PS in Marathonmetallic L96M, ebenfalls mit Stahlgürtelreifen, aber auf Lemmerz-Stahlsportfelgen, abschließbarem Tankdeckel,

Optisch sportlich, technisch wie alle anderen auch: Der gelb-schwarze Renner war eine kleine Sensation, wurde den Händlern aus den Händen gerissen und ist bis heute begehrt. Dieses Exemplar ist mit zeitgenössischem Zubehör versehen: Rallyestreifen und Cibié-Oscar-Zusatzscheinwerfer.

umschäumtem Lenkrad und Radio. Insgesamt wurden 9250 Käfer auf Extratouren produziert, darunter auch 1200er-Modelle. Weniger Aufsehen erregte der Winter-Käfer vom Winter 1973/74 für 7750 D-Mark, ein 1303 S in Sicherheits-Sonderfarbe mit Nebelscheinwerfern, stärkerer Batterie, heizbarer Heckscheibe, Stahlgürtelreifen und Radio. Ein weiteres 1303-Sondermodell von 1973 war der Frühlingsbote in Texasgelb 10B, Blutorange 21E oder Ravennagrün 65K mit Lemmerz-Stahlsportfelgen und einigen Extras.

1974 feierte ein weiterer Käfer Weltmeisterschaft, nicht mit dem 1302 von 1972 zu verwechseln. Während dieser das meist produzierte Auto der Welt bejubelt hatte, gab es ab Mai 1974 den 1303 World Cup anlässlich der Fußball-Weltmeisterschaft in Deutschland. Die Wagen waren Cliffgrün L61A, Rallyegelb L10A, Senegalrot L31A oder Leuchtorange L20B mit mattschwarzen Hauben, trugen einen »World Cup«-Schriftzug auf den Flanken, hatten einen Schaltknauf in Form eines Fußballs, und ein Fan-Fähnchen wurde mitgeliefert. Dabei ging es dem Werk weniger ums Feiern, als vielmehr um den Abverkauf von Lagerwagen, Auflage 300 Stück in vier Farben.

Daneben gab es Auslands-Sondermodelle, die entweder vom jeweiligen Importeur umgerüstet oder für den speziellen Markt gefertigt wurden. So lief in Schweden 1973 der auf 1000 Stück limitierte Extra Bug, ein 1303 S in Tomatenrot 30M, Zitronengelb 15M oder Apfelgrün 46M mit Lemmerz-Felgen. Seine Besonderheit war ein Radio mit dem VW-Zeichen auf beiden Bedienknöpfen. Eine weitere Exportserie von 1973 hieß Black is beautiful und wurde in den Farben Texasgelb 10B, Blutorange 21E und Ravennagrün 65K ausgeliefert. 1974/75 bot Volkswagen den Luxus-Käfer respektive Luxury Beetle im Export an (unter anderem in Großbritannien), der 1303 erstrahlte in edlem Diamantsilbermetallic 97A mit dunkelblauer Polsterung und etlichen Luxus-Extras.

Vier 1303-Special-Editions brachte VW of North America in USA und Kanada auf den Markt, natürlich mit US-Spezifikationen: 1973 erschien der 1303 S Sports Bug in Saturngelb L13M oder Marathonmetallic L96M. Seine Chromteile waren mattschwarz, die Stoßstangen trugen Zierstreifen in Wagenfarbe, und unterhalb des Pavillons verlief ein rot/schwarzer Zierstreifen, der sich hinten zwischen Heckscheibe und Motorhaube fortsetzte. Der Sports Bug rollte auf Lemmerz-

Stahlsportfelgen, der schwarze Innenraum wurde von Recarositzen und einem Lederlenkrad bestimmt. 1974 folgte der Sun Bug, ein 1303 S in Hellasmetallic L98S mit Lemmerz-Felgen, Schiebedach mit Windabweiser, Holzfurnier am Armaturenbrett, Sportsitzen, spezieller nussbrauner Polsterung, Teppichboden, Kamei-Mittelkonsole. Das »Sun Bug«-Logo fand sich auf dem Seitenstreifen oberhalb der Trittbretter, auf der Motorhaube und sogar aufgeprägt auf den Fußmatten wieder, auf dem Schaltknauf war ein VW-Zeichen in Form einer Sonne zu sehen. Die letzten US-Sondermodelle auf Limousinen-Basis waren 1975 die Versionen La Grande Bug in Viperngrünmetallic L96N und Anconametallic L97B (für Kanada auch Hellasmetallic L98C) in 13.273 Exemplaren sowie der Chocolate Beetle in Agatebraunmetallic L98Z mit beigefarbenem Interieur und Stoffsitzen, Holzapplikationen am Armaturenbrett, heizbarer Heckscheibe, Kamei-Wasserabweiser über den Lüftungsschlitzen der Motorhaube und Lemmerz-Stahlsportfelgen.

Kein Chrom, sondern sportliches Mattschwarz an den Anbauteilen, und alleine die mattschwarzen Hauben machten ihn gefühlte 20 km/h schneller. Der gelb-schwarze Renner, von seinen Freunden liebevoll GSR genannt, bedeutet den ersten Käfer in Turnschuhen, seitdem es den Käfer gab. Unter Heinrich Nordhoff wäre ein GSR nie passiert.

Mehr Schein als Sein: Die Lüftungsschlitze im vorderen Frontblech bedeuteten einen starken Auftritt und sahen nach zusätzlichem Ölkühler aus. Beim USA-Modell dienten sie der Belüftung der Klimaanlage. Beim GSR sahen sie einfach nur stark aus. Denn dahinter war...nichts!

Ein ziemlich neuer 1303 City in Ibizarot auf dem Händlerhof (und im Hintergrund ein ramponierter 411, ein Ford Taunus 17m P5 Turnier sowie ein Müllcontainer). Nettes Detail: Die in Deutschland ausgelieferten City-Käfer hatten eine in die Beifahrer-Sonnenblende integrierte Parkscheibe. Die erste deutsche Parkscheibe gab es 1961 in Essen, und erst 1979 wurde die bundesweit einheitliche Parkscheibe, wie wir sie heute kennen, eingeführt.

Unverspiegelt und unverzerrt dank ausgebauter Windschutzscheibe ist das spezielle Interieur des VW 1303 City zu sehen, ein schwarz/rotes Hahnenfußmuster auf den Sitzflächen. Ebenfalls gut zu sehen ist, dass die Superkäfer einen voll verkleideten Innenraum haben, lediglich an den Türen ist etwas lackiertes Blech zu sehen. Das gilt nicht für den 1303 A. Der ist innen so blechern wie jeder Sparkäfer.

Mister Big brandneu: 1303 Big in Hellasmetallic. Das ist zweifellos ein reputierlicher Auftritt. Der 1303 Big war bis dato der luxuriöseste Käfer, den es aus Wolfsburg gab. Und von Sondermodellen für den US-Markt abgesehen, blieb er das auch für alle Zeiten.

Als »Wunderkäfer« apostrophiert, war Käfer Dudu tatsächlich ein Auto, das alles konnte, ein Wunderwerk der Technik und sogar zu Emotionen in der Lage. Käfer-Komödien boomten in den frühen 70ern, allesamt Epigonen von Disneys Herbie-Geschichten. Dudu war ein VW 1303 S, und das zeitgenössische Filmplakat bedient sich nicht der Fotografie, sondern der Comic-Graphik, was damals ebenfalls schwer in Mode war.

Bunte Farben in Düsseldorf: Mit Aufstellern im Verkaufsraum und knallgrünen Dekorationsfolien am Schaufenster bewirbt der VW-Händler Nordrhein die Sonderaktion »Drei Käfer auf Extra-Touren«, angelehnt an den dritten der fünf Dudu-Filme mit dem Titel »Ein Käfer auf Extratour«. Die Dudu-Filme waren absoluter Klamauk. Aber ein 1303-Enthusiast sollte sie sich antun. Ein Mal wenigstens. Das reicht völlig.

Ein Spezial-1303, den es in der Heimat nicht gab: Der Luxury-Beetle von 1974 teilte das Luxusniveau mit dem 1303 Big, hatte aber dunkelblaue Stoffsitze zur Außenfarbe Diamantsilbermetallic. Er wurde in Großbritannien angeboten und hatte dementsprechend Rechtssteuerung.

Den Sun Bug in den USA gab es 1974 als VW 1200, VW 1303 und VW 1303 Cabriolet, jeweils in Hellasmetallic. Wer ein Dach trug, trug ein Schiebedach, und wer keines trug, trug ein Stoffverdeck. VW of North America sprach nicht vom VW 1302 oder 1303, sondern unterschied zwischen »Beetle« (VW mit kurzem Vorderwagen) und »Super Beetle«.

Der Sun Bug war tatsächlich ein ausnehmend schöner Käfer mit bester Ausstattung, ein Käfer mit ungemein optimistischer Ausstrahlung.

Dieses Exemplar in Liebhaberhand ist fast original, die Scheinwerferschirmchen sind es nicht, so wenig wie die verchromten Radzierringe an den Lemmerz-Felgen.

Das Gleiche gilt für dieses wundervoll erhaltene Stück: Bei ihm sind die verchromten KPZ-Serienfelgen ein typisch amerikanisches after-market-Zubehör. Und ihm fehlt der »Sun Bug«-Seitenstreifen.

Das Markenzeichen des Sun Bug ist ein Käfer in der Art eines Marienkäfers mit Sonnenhut und Sonnenbrille, der seine Umgebung freundlich anlacht.

Dieses nette Motiv findet sich als Heckschriftzug wieder. Es ist sogar auf den Fußmatten aufgeprägt und vom Schaltknauf lacht den Fahrer ein VW-Zeichen mit Sonnenstrahlen entgegen. Völlig ungeeignet für Schmuddelwetter, der Sun Bug.

Innen ganz fein gemacht, der Sun Bug, mit speziellen Stoffen, einer Kamei-Mittelkonsole, und wer genau hinsieht, erblickt den Comickäfer auf der Beifahrerfußmatte.

So liebt es der Amerikaner: Holzfurnier am Armaturenbrett und ein Radio, wenn er mit 55 Meilen Höchstgeschwindigkeit auf ewig langen Highways geradeaus unterwegs ist.

Das US-amerikanische Äquivalent zum gelb-schwarzen Renner teilt sich mit diesem das Saturngelb und den Verzicht auf jeglichen Chrom. Aber die Dekoration des Sports Bug war ganz anders als beim GSR.

Einen imposanten Auftritt legt auch La Grande Bug hin, das einzige 1975er Sondermodell von VW of North America. Der Wagen im Bild Viperngrünmetallic, innen Stofffarbe Bambus. Dieser Wagen lebt in Ottawa/Kanada. Einer in Anconablau hat es nach Europa gebracht und ist mit Porsche-Fuchs-Felgen in Valencia unterwegs.

Nicht ohne Augenzwinkern wurde La Grande Bug von Volkswagen beworben als »America's newest luxury automobile« und dem Fahrer bescheinigt, in diesem Käfer »nicht vorzufahren, sondern aufzutreten« (»You don't drive in it. You arrive in it.«).

Die Sondermodelle des VW 1303 Cabriolet

Die meisten speziellen Cabriolet-Editionen waren für den US-Markt bestimmt, und das einzige offizielle deutsche Sondermodell war nur für einen kleinen, elitären Kreis zu haben und kam nie in den freien Verkauf. Das war der World Cup von 1974, produziert exklusiv für die Mitglieder des deutschen World-Cup-Fußball-Teams. Lackiert in Cliffgrün mit mattschwarzen Hauben, winzige Auflage: Jeder Spieler der deutschen Nationalmannschaft 1974 erhielt ein Exemplar, insgesamt 25 Stück, gespendet von VW, quasi ein rollender Pokal. Die Kicker wussten dieses Geschenk zumeist nicht zu schätzen. Einen Porsche hätten sie geschätzt, einen Käfer nicht. Manche verkauften das Geschenk sofort (also wurde es zum Wanderpokal), andere überließen es ihren Freundinnen. Wurde das Fahrzeug im Laufe seines Lebens umlackiert, so erkennt niemand mehr dessen Besonderheit.

Das zweite für Deutschland bestimmte Sondermodell stammte nicht von Volkswagen selber, sondern von Nordstadt in Hannover. 1975 erstellte das VW-Autohaus 20 Nordstadt-Cabrios, mit 23.000 Mark mehr als doppelt so teuer als das Serien-Pendant, dafür aber sehr exklusiv: Der Wagen war außen und innen reinweiß (Weiß war 1975 keine Cabriolet-Serienfarbe), die Sportsitze aus weißem Leder, das Lederlenkrad handgenäht, sogar elektrische Fensterheber wies das Nordstadt-Cabriolet auf. Es hatte 175/70 SR 15-Reifen auf natürlich weiß lackierten ATS-Classic-Alufelgen und ein dezentes Nordstadt-Logo auf den Türen. Das ist eine schwarze Käfer-Silhouette, auf deren Dach eine schwarze Rose liegt. Angetrieben wurde das edle und 155 km/h schnelle Cabrio von einem 2-Liter-Oettinger-Motor mit 85 PS (Typ TSV 2000 HS), weitere technische Verbesserungen waren ein Ölkühler unter der vorderen Stoßstange und ein länger übersetzter vierter Gang.

Die weiteren Cabriolet-Sondermodelle waren allesamt für Nordamerika und Kanada bestimmt und dementsprechend mit US-Spezifikationen ausgerüstet. Den 1974er Sun Bug in Hellasmetallic gab es auch als Cabriolet. Von 1976 bis 1979 lief das Triple White Convertible, ganz in Alpinaweiß L90B mit hellsandfarbenem Verdeck und Weißwandreifen.

Diesem Triple White Convertible entsprach das 1976er Sondermodell Bicentennial Convertible, herausgegeben anlässlich der 200sten Wiederkehr des amerikanischen Unabhängigkeitstages. Im Juni 1976 bekam jeder US-VW-Händler genau ein Exemplar, charakterisiert durch die Plakette am Armaturenbrett »1976 Limited Edition Bicentennial Convertible«. Auch das 1977er Sondermodell war außen und innen weiß, aber noch exklusiver als das Vorjahresmodell. Diesmal bekamen nur ausgewählte Händler das Champagne Convertible, 500 Stück wurden in Alpinaweiß L90B ausgeliefert. Oberhalb des Trittbretts verlief ein goldfarbener Streifen, das Armaturenbrett bestach durch Rosenholz-Applikationen.

Nicht mehr weiß war das 1978er Sondermodell namens Champagne Edition II, diesmal in Anconametallic L97B oder, viel seltener, Kirschrotmetallic LE3Y mit hermelinfarbenem Interieur, Radio, Quarzuhr und Holzapplikationen. 1979 erschien das Epilog Convertible, Schwarz L41 lackiert, ansonsten identisch zu den Champagne-Modellen, auch nur einmal je Händler ausgegeben. Das letzte Cabriolet-Sondermodell folgte später im Jahre 1979, das Wolfsburg Edition Convertible in Schwarz mit weißem Innenraum und Teppichboden. Diese US-Cabriolets sind sehr gesuchte Liebhaberstücke, viele befinden sich bis heute in erster Hand und werden innerhalb der Familie vererbt. Selten ist eines am Markt und entsprechend wenige wurden nach Europa reimportiert. Sie sind hierzulande ein seltener Anblick.

Für privilegierte Kreise, die es nicht zu schätzen wussten: Die Flotte von 25 World-Cup-Cabriolets vor dem Karmann-Stammsitz in Osnabrück. Jedes Mitglied der deutschen Fußball-Nationalmannschaft 1974 bekam ein Exemplar. Kaum ein Fußballer fuhr damit. War ja kein Porsche...

Franz Beckenbauer bei der feierlichen Übergabe/Übernahme, medienwirksam lächelnd. Aber letztlich war das Käfer Cabriolet den Fußballern zu popelig. Kaum einer ließ es auf sich zu. Die meisten verkauften es oder gaben es weiter. Frei nach Dagobert Duck: Was nichts kostet, ist auch nichts wert.

Ganz in weiß, ohne Blumenstrauß, aber mit schwarzer Rose: Werbung für die 1303-Sonderserie des Autohauses Nordstadt in Hannover, Annonce von 1975. Knapp 25.000 D-Mark waren damals viel Geld.

Verkaufsprospekt für das 1303 Sun Bug Convertible von 1974.

Detailverliebt: Die Schöpfer des Sun Bug gaben sich wirklich Mühe: Auf dem Teppichboden liegen Gummifußmatten mit dem lachenden Sonnenkäfer-Symbol, der Schaltknauf ist mit einem VW-Zeichen mit Sonnenstrahlen versehen, und um ihn herum sorgt eine Kamei-Konsole für Ordnung in Sachen Kleinigkeiten.

Etwas aufgebrezelt: Ein Bicentennial Convertible von 1976, dem sein Besitzer etwas Gutes angedeihen lassen wollte und mit der Seitenzierleiste zu viel des Guten tat. Die verchromten Tiefbettfelgen mit Weißringreifen sehen ja noch gut aus, die Starktonhörner auch, aber die Zierleiste ruiniert tatsächlich die Anmutung. Dennoch: außen und innen weiß, das ist schon edel, und VW of North America mag sich am Nordstadt-Cabriolet aus dem Vorjahr orientiert haben.

Das 1978er Sondermodell Champagne Edition II in seltenem Kirschrotmetallic und hermelinfarbenem Interieur, nachträglich mit Cyclone Wheels im Turbinen-Stil versehen. Dem Eigentümer gefällt's, und das muss man akzeptieren. Es ist ja jederzeit reversibel.

Ein absolut originales Champagne Edition II Cabriolet, lediglich die Chromumrandungen der Luftschlitze auf dem Motordeckel sind »after market«. Eine absolute Schönheit auf vier Rädern.

Davon träumt jeder Käfer-Cabriolet-Sammler: seltenes US-Sondermodell im Bestzustand, völlig original, low mileage, first hand.

Eigentlich ist eine Klimaanlage im Cabriolet Unfug. Wer aber einen Wagen mit allen Extras haben möchte, bekommt ihn so und nur so. Interieur des Champagne Edition II Convertible von 1978. Man gönnt sich ja sonst nichts.

Der Epilog ist der Schluss, in jeder Hinsicht. Nicht aber bei VW in Sachen 1303-Cabriolet-Sondermodelle. Dem Epilogue Convertible von 1979 folgte später im Jahr noch das Wolfsburg Edition-Sondermodell. Dem letzten folgte also das allerletzte Sondermodell.

Das Epilogue Convertible ist außen und innen schwarz (Bild), das Wolfsburg Edition Convertible hingegen kombiniert schwarzen Außenlack mit weißem Interieur. Beide tragen Vollausstattung und orientieren sich an Champagne Edition II.

Zum Abschluss des USA-Kapitels zwei Blicke in typisch amerikanisch restaurierte Motorräume, aus denen man essen könnte, so man wollte. Der Vergasermotor in antiseptischem Zustand...

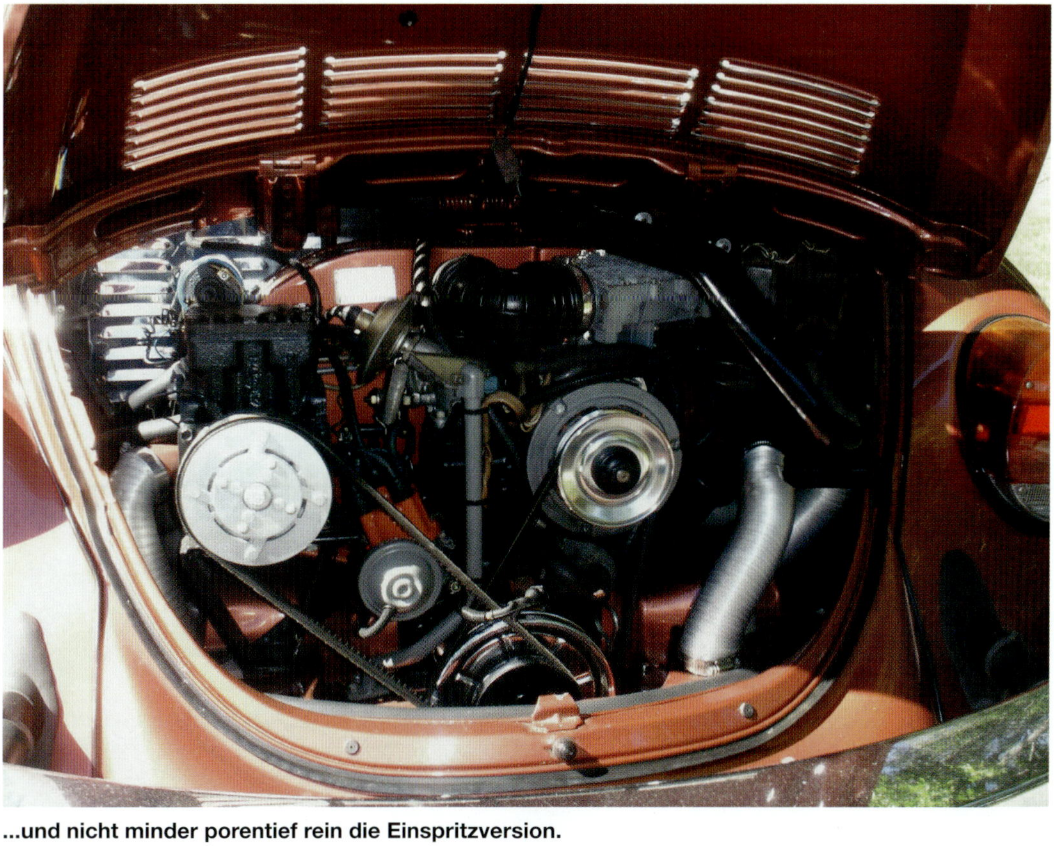

...und nicht minder porentief rein die Einspritzversion.

STA DD 132
D

Auf der Straße:

Der VW Käfer 1302 und 1303 im Alltagsbetrieb

Viel Neues und viel Bewährtes: Für das Käfer-gewohnte automobile Deutschland bedeutete der 1302 anno 1970 Gesprächsstoff. Ein neuer Käfer hatte damals eine andere Bedeutung als heute ein neuer Golf. Der Super-Käfer: Er sah aus wie der Käfer (zumindest auf den ersten Blick), er roch wie der Käfer, er war so eng und so heimelig wie der Käfer. Er klang wie der Käfer. Wer sich hineinsetzte, fand sich sofort zurecht. Doch wer ihn fuhr, stellte gleich fest: Er fährt ganz anders als der Käfer.
Einsteigen: Wie immer, kaum Platz für große Fahrer, um die Beine ins Innere zu zirkeln. Innerhalb kurzer Zeit leiden die A-Säulen unter schwarzen Streifen wegen frisch polierter Schuhe. Dann die Türe zuziehen, mit Elan. Satt, sonor fällt sie ins Schloss. Trotz Zwangsentlüftung ist der Käfer dicht. Ganz nah am linken Ellbogen schmiegt sich das nackte Blech der oberen Türkante. Wenig, arg wenig Platz im Käfer. Zur Seite. Und nach hinten. Nach oben hingegen ohne Ende (vor allem im offenen Cabrio). Es gibt Herren, die tragen gerne Hut. Es gibt Damen, die tragen gerne hoch düpierte Frisuren. Sie müssen weder Hut noch Frisur abnehmen. Der Innenraum ist hoch. Aber eng. Fast schon instinktiv kurbelt man die Seitenscheibe herunter. Gut so. Denn Frischluft ist nötig, damit die Windschutzscheibe nicht von innen beschlägt. Ja, trotz Zwangsentlüftung, trotz Gebläse. Ein bisschen sollte die Scheibe offen sein. Die Alternative: Man öffnet das Dreiecksfenster. Noch heute sollte dem Erfinder des Dreiecksfensters ein monumentales Denkmal gesetzt werden.
Ganz anders im 03er: Platz satt zwischen dem eigenen Selbst und der Scheibe. Der Abstand erweckt den Eindruck von Raum. Es stimmt: Der Innenraum hat einige Kubikzentimeter mehr, die Scheibe beschlägt weniger. Der VW 1303 vermittelt das subjektive Gefühl, in einem größeren und moderneren Auto zu sitzen. Die Armaturentafel hat daran großen Anteil. Plastik ist nicht jedermanns Sache, und das mit einer Uhr bestückte 1302er-Blech vor den Augen hat seine Reize. Aber das ergonomisch geformte 1303-Kunststoffteil in mattem Schwarz suggeriert obendrein Sicherheit, Prallschutz, und es ist trotz seines modernistischen Äußeren ein typisches VW-Konstrukt: Nichts knarzt, nichts scheppert, nichts quäkt. Dafür die von oben beschirmte Armatur mitten vor den Augen, und genau so viele Hebel und Schalter, wie man braucht, um ein minimalistisches Automobil zu bewegen. Fahrer, was willst Du mehr?! Vielleicht ein bisschen mehr Übersichtlichkeit. Die Enden des Käfers sind vom Fahrer nur zu erahnen, und das ist beim längeren 1302 mit seiner vermeintlich nach oben gewölbten Fronthaube noch ausgeprägter als bisher. Auch das hat Vorteile, man muss nur danach suchen: Um Blech, das man nicht sieht, hat man auch weniger Angst.
Schlüssel rein ins Zündschloss, Schlüssel umdrehen. Der Käfer springt an, immer, überall, bei jeder Temperatur. Von außen rasselt und rumpelt er laut. Jedes Kind konnte in den 70er Jahren einen Käfer am Geräusch erkennen. In den Innenraum hingegen dringt das typische Käfer-Boxern eher gedämpft. Die Geräuschisolierung am Super-Käfer ist gut gelungen. Aber ist's ein Wunder? Die Physik lässt sich nicht überlisten. Wer vorwärts fährt und den Motor hinten hat, zieht dessen Geräusch quasi hinter sich her. Aus heutiger Sicht lässt sich das akustische Käfern mit Ölöfen vergleichen: Nur unverbesserliche Nostalgiker lieben diese beiden veralteten Errungenschaften. Und trotzdem lässt sich das Gemütlichkeit ausstrahlende, brave Bruddeln eines Ölofens nie mit der sterilen Wärme moderner Heizsysteme vergleichen. Und der Klang eines Vierzylinder-Viertakt-Boxers ist nie vergleichbar mit einem abgekapselten modernen Reihenmotor, dessen hubraumschwache und turbobeflügelte Angestrengtheit höchstens beim vollen Beschleunigen hörbar wird.
Four on the Floor: Der erste Gang ist ein wenig unwillig, böse Zungen würden sagen: hakelig. Nach x-tausend Kilometern haben sich die Zahnrädchen so eingespielt, dass alle vier Gänge reinflutschen. Und zuvor ist es halt Gewöhnungssache. Wie so vieles. Alternativ die Automatik, die nur eine halbe ist: Feine Sache, der Kupplungsfuß verkümmert, der Käfer-Pilot rührt dennoch im Getriebe. Aber weniger als sonst, denn der Automatik-

Hohe Dachlast: Den Pappmaché-Elefanten trägt der Käfer mit Leichtigkeit, seine Dachlast beträgt 50 Kilo. Zartrosa neu lackierter 1302 in Wien, der für eine Tanzschule Werbung macht. Interessant: Der Serienaußenspiegel wurde gegen den Rückspiegel eines Lastwagens ersetzt, weil der Fahrer sonst wegen des Elefanten Hinterbein nichts sehen würde.

VW hat nur drei Gänge, die dementsprechend anders abgestuft sind.
Der 1303 hat 77 Verstellmöglichkeiten für den Vordersitz. Wer immer selber fährt, braucht in seinem Leben höchstens drei. Denn der Mensch wird im Laufe der Jahre dicker. Leider. Man sitzt gut im Käfer. In der ersten Reihe. Hinten? Na ja, eine Frage der Körpergröße. Eine Frage der persönlichen Beweglichkeit ist, ob man dort überhaupt ankommt. Ist der Käfer, egal ob mit 44 oder 50 PS befeuert, mit mehr als zwei Passagieren besetzt, macht das Fahren ohnehin keinen Spaß mehr. Stoffsitze sind die erste Wahl. Das so genannte Kunstleder, vulgo die Plastiksitze, sind keine wahre Freude. Im Sommer schwitzt man, im Winter friert man, und das ganze Jahr über rutscht man in Kurven hin und her. Auf Stoffsitzen räkelt man sich wie zuhause. Auf Plastiksitzen kommt man sich vor wie im Wartezimmer beim Zahnarzt. Aber, natürlich, sind sie dreckig, so kann man sie feucht abwischen.
Apropos frieren: Der VW 1302 und 1303 hat eine Heizung, die beste im Käfer überhaupt. Verglichen mit früheren Käfern. Verglichen mit konventionellen Autos war und ist die Käfer-Heizung eine Farce, denn sie ist abhängig von der Motorbelastung. Sofern die Heizbirnen gerade funktionieren und nicht wieder durchgerostet sind, verstrahlt der Käfer punktuelle Hitze bis zur Unerträglichkeit rund um die Lufteinlässe. Manchmal klemmen die Heizungshebel, und wer sie dann zu grob traktiert, verbiegt sie. Manchmal stinkt es in Käfers Innenraum nach Abgasen. Dann sind die Heizbirnen durchgerostet. Aber eine Diskussion um des Käfers Heizung ist wie eine solche um des Kaisers Bart – bis der Innenraum komplett und mollig warm ist, ist die Fahrt ohnehin meist zu Ende.
Genießen wir die Fahrt, solange sie dauert. Welche Reifen sind drauf? Die serienmäßigen Diagonalreifen? Oh weh! Einmal rein

in die Straßenbahnschiene, endet die Fahrt an der Endhaltestelle. Warum hat VW dem Super-Käfer ein so aufwändiges Fahrwerk spendiert, wenn die Serienbereifung die ganze High Tech ad absurdum führt? Stahlgürtelreifen müssen es sein, die 155er reichen vollkommen. Der 1302 und 1303 liegt wie ein Brett auf der Straße. Von der viel beschworenen Pendelachsen-Heckschleuder ist im Super-Käfer nichts übrig geblieben. Im Gegenteil: Er tendiert zum Untersteuern, also zum Überschieben der Vorderräder bei zu schnell gefahrenen Kurven. Aber wann sind Kurven im Käfer schon zu schnell genommen? Das Fahrwerk ist so fein, so gut, dass es durch die bescheidene Motorleistung ohnehin kaum an seine Grenzen kommt. Das nennt man Potenzial. Dann die Lenkung: Das Lenkrad, zumindest das mit der Prallplatte ab 1971, ist griffig, die Lenkung direkt, um die Mittellage vielleicht etwas schwammig, und spätestens seit der Zahnstangenlenkung ab Modelljahr 1975 sogar richtig feinfühlig. Aber das ist kein Wunder, wird ja die gelenkte Vorderachse durch kaum etwas als das Reserverad belastet.
Wer den Käfer fährt, sollte ihn auch bremsen. Vier Trommeln bietet die 44-PS-Variante, vordere Scheiben der 50-PS-Käfer. Eigentlich nicht konsequent. Dem Fahrwerk entsprechend hätten vordere Scheiben allen Super-Käfern gut gestanden. Damit kommt man einwandfrei zum Stehen, und spätestens ab 1975 mit dem negativen Lenkrollradius bremsen sie absolut spurgenau. Doch der Kraftaufwand ist hoch, einen Bremskraftverstärker hatte VW nicht im Programm. Die Trommeln sind beim 1302 und 1303 nicht empfehlenswert, sie sprechen bockig an, neigen zum Rubbeln und müssen sorgfältig eingestellt werden. Zum Glück bot VW auch beim 44-PS-Käfer die Scheiben als Extra an. Das fünfte Rad am Wagen liegt in einer Wanne, die gerne durchrostet. Über dem Reserverad, und als Verkleidung für den Tank, gibt es die Kofferraum-Pappe. Ein wüstes, zweiteiliges, anthrazitfarbenes Ding, das innerhalb kürzester Frist ausfranst und fies aussieht. Wer seinen Super-Käfer liebt, geht in den Hobby-Keller, nimmt die Pappe zum Vorbild und sägt sich das Ganze aus Sperrholz aus. Dann auf zum Sattler, schön beziehen lassen, und der Kofferraum sieht nach was aus.
Wo konventionelle Autos ihren Kofferraum haben, also da hinten, da werkeln zwei Boxer, einer mit 1300 Kubik und 44 Pferdchen, einer mit 1,6 Litern und 50 PS. Konstruktiv sind beide weitgehend gleich, in ihren Auswirkungen allerdings recht unterschiedlich. Unterschiedlich gerieren sich die beiden Aggregate auch in den beiden Modellreihen. Zumindest in der ersten Zeit bereitete der 44-PS-Motor den 1302-Besitzern wenig Freude. Denn die frühen 1302 hatten falsch dimensionierte Vergaserdüsen und verbrauchten deshalb bis zu 18 Litern bleihaltigen Normalbenzins auf 100 km. Das waren die Kunden vom Käfer nicht gewohnt, und sein Slogan »Er läuft und läuft und läuft« wurde sarkastisch abgewandelt: »Er säuft und säuft und säuft«. Einige Monate vergingen, bis die Techniker das Problem in den Griff bekamen, doch der Ruf des Käfer als sparsamer Wagen erlitt einen Schaden. Außerdem starb der Motor im Schiebebetrieb gerne ab, auch wenn er warm war, und bei entsprechender Luftfeuchtigkeit litt er unter Vergaservereisung. Wenn er lief, so ärgerte er seine Fahrer mit eklatanten Beschleunigungslöchern. 1302er waren deshalb als Gebrauchtwagen weit weniger gefragt als der 1303 mit seinen neuen Vergasern, obgleich der 1971er Jahrgang des 1302 keine Probleme mehr mit der Gasfabrik hatte. Heute läuft kaum ein 1302 noch mit seinem originalen Solex-Vergaser Typ 31 PICT-3, sondern mit dem 1303-Vergaser Typ 31 PICT-4.
So gleich die Maschinen in beiden Modellreihen waren, so gab sich ihre Charakteristik doch sehr unterschiedlich. Denn beim 44-PS-1303 änderte VW die Getriebeabstufung: Etwas weniger Drehzahl im Vergleich zur Geschwindigkeit im ersten, etwas mehr im vierten Gang. Dadurch reichte der erste Gang weiter rauf, und im oberen Gang war mehr Zugkraft vorhanden. So wurde der 1303 elastischer. Weiter ging VW beim 1303 S mit 50 PS: Durch eine geänderte Achsuntersetzung wurde das Getriebe auf mehr Drehzahlschonung angelegt. Dadurch diente der dritte als Fahrgang bis fast zur Höchstgeschwindig-

Fachwerkromantik im unterfränkischen Miltenberg, das Hotel Riesen mit einem frühen 1302 das Jahrgangs 1970.

Das seinerzeitige Topmodell, der 1302 LS von 1971/72 in Leuchtorange L20B. Damals war die Zentralheizung im Fremdenzimmer noch erwähnenswert. Üblich waren Öl-Einzelöfen. Und in der Holzklasse gab es durchaus noch Kohleöfen.

keit, der vierte war sozusagen Schongang, und so gewöhnte VW dem 1600er das Trinken ab. Prinzipiell ist zu sagen, dass beide Käfer-Motoren für ihren Hubraum eine schlappe Leistungsausbeute haben, dafür langlebig sind, nie sonderlich angestrengt wirken und durch ihren typischen Boxer-Sound sehr zur Nervenberuhigung beitragen. Legende ist das Startverhalten bei Minusgraden, ebenso Legende ist, dass die betagten Aggregate wegen der Abgasentgiftung schwierig einzustellen sind, was viele ungebundene Werkstätten, aber auch manchen VW-Vertragshändler, überforderte. Was war das für ein Elend, als Mitte der 80er Jahre die Abgassonderuntersuchung Pflicht wurde! Sie sollte das Waldsterben und den sauren Regen beenden. Nach dem Werkstattbesuch erfüllten die Motoren zwar die Anforderungen. Aber ein zweiter war nötig, damit sie wieder vernünftig liefen. Und dieses Prozedere hatte sich jährlich wiederholt.

So wenig Platz der Käfer für seine vier (oder, worst case: fünf) Personen bietet, so wenig Platz hat er im Kofferraum. Ist das Gotteslästerung? Da hatte sich VW so viel Mühe gegeben und den Kofferraum durch die neu konstruierte Vorderachse groß gestaltet. Aber nein. Vorher war er im Vergleich zur Konkurrenz winzig, beim Super-Käfer ist er einfach nur klein. Klar passen die in der Werbung propagierten Bierkästen rein. Und gerade das ist wichtig. Aber heute könnte keine vierköpfige Familie mit dem 1302 oder 1303 ganz normal in Urlaub fahren. Vor 30 Jahren ging das noch. Und damals musste noch ein Zelt mit rein. Ein Dachgepäckträger half aus, der Käfer hat 50 Kilo Dachlast. Platz ist das Käfer-Problem schlechthin, aber der Mangel an Platz ist konstruktionsbedingt. Wegen der Kotflügel, wegen der Trittbretter (auf die man tunlichst nicht treten sollte) ist der Innenraum

Im niederösterreichischen Maria Taferl, einem Wallfahrtsort: Aufnahme 1979 mit Ford Taunus II Turnier, Škoda 120 LS und Mitsubishi Colt. Der VW 1302 sieht arg abgewirtschaftet aus, ausgeblichenes Kansasbeige L91D, Roststellen mit Teroson kaschiert, diverse Beulen. Ein ziemlicher Mistkäfer also. Das einzig Interessante an ihm ist das rechte Vorderrad. Das trägt nämlich eine Weltmeister-Felge.

einfach viel schmäler, als das Auto selbst. Da ändern alle 1302- und 1303-Modifikationen nichts (der damalige VW-Chefdesigner Herbert Schäfer hatte Ende der 60er im Vorfeld des 1302 einen trittbrettlosen Käfer gezeichnet, innen so breit wie außen, aber die Umsetzung wäre zu teuer geworden). Was wir heute, als Käfer-Liebhaber, als Kult-Verehrer, schön reden, ist ein handfester Nachteil. Basta.

Wer heute in einem VW 1302 oder 1303 fährt, erntet nicht mehr und nicht weniger nette Blicke als ein Fahrer jeden anderen Käfers. Denn das Völkchen auf der Straße kann zwischen einem normalen und einem Super-Käfer nicht unterscheiden. Macht nichts. Denn die Leute finden jeden Käfer schön. Jeder kann etwas darüber erzählen. Es gibt kaum einen Deutschen, der noch nie in einem Käfer saß. Und die Jungen, ja die wissen vielleicht noch Anekdoten von Papa und Mama aus deren Jugendzeit im Käfer. Heute ist ein Käfer, natürlich auch die letzten Mexiko-Käfer, ein arriviertes Liebhaber-Fahrzeug, und nur sehr wenige müssen noch im Alltag schuften. Und wie damals, als sie noch aktuell waren, sind die Käfer heute Kult-Klassiker ohne jeden Standesdünkel. Der VW 1302 und 1303 war damals ein klassenloses Fahrzeug und ist es heute als Klassiker erst recht. Der Unternehmer musste sich damals nicht schämen, wenn er den 1303 seiner Frau auf den Chef-Parkplatz neben den gleichen Wagen des Hausmeisters stellte. Und heute ebenso: Wer einen hochkarätigen Klassiker hat, etwa einen historischen Porsche 911, kann sich locker einen 1303 daneben stellen – nicht nur der automobilen Verwandtschaftsverhältnisse wegen. Denn ein Käfer ist heute so wenig ein Arme-Leute-Klassiker wie er in seinen aktiven Tagen ein Arme-Leute-Auto war.

Hier baute sich ein Spanier für seine Finca ein Cabriolet nach eigenem Geschmack aus einer 1302 Limousine in Sumatragrün L61B, augenscheinlich ein rostfreies Fahrzeug, mit Zusatzscheinwerfern und Radzierringen aufgewertet. Sieht gewöhnungsbedürftig aus, macht aber einen recht professionellen Eindruck. Jedenfalls verfügen die hinten Sitzenden über genügend Kopfraum – auch wenn das Verdeck geschlossen ist. Gesehen 1990.

Die Weltmeister-Farbe Marathonmetallic schaffte es in die allgemeine VW-Farbpalette und war auch für den 1303 erhältlich – und für fast alle anderen damaligen Volkswagen auch. Berliner VW 1303 mit L-Paket und stolzer Familie.

Schneetreiben in Hamburg: Der vom Winde verwehte Schnee verfälscht des Käfers Formen gewaltig, lässt ihn länger und fließender erscheinen. Wer Schnee von einem Käfer abkehrt, hat mehr zu tun, als wenn er ein anderes Auto hätte, denn Kotflügel und Trittbretter schneefrei zu machen, bedeutet einen extra Aufwand.

Ein 1303L in Tropengrün L60A auf der Straße, in München-Schwabing im Sommer 1996. Nicht etwa ein Liebhaberfahrzeug, sondern einer, der in erster Hand im Originallack überlebt hat und im Alltag genutzt wird. Das war 1996 schon selten und heute ist es sehr unwahrscheinlich.

Die berühmte Pappe im Kofferraum. Schon nach kurzer Nutzung abgenutzt, und nach langer Nutzung einfach nur fies.

Das muss nicht sein. Ein bisschen Heimwerkerarbeit mit Holz, Leim, Schrauben und Stahlwinkeln, anschließend ein Auftrag an den Autosattler, und statt der fiesen Pappe hat man einen schön ausgeschlagenen Kofferraum. Dann klappt's auch mit der Nachbarin.

»Ein Platz an der Sonne« ist das Motto der Deutschen Fernsehlotterie, gemeinnützig und sozial. Als Gewinne gab es auch Autos, VW Käfer. Zeitweise waren die »Sonni«-Käfer speziell lackiert, später neutral und beklebt. Dieses Foto, gemacht vor dem offiziellen Foto anlässlich der Gewinnübergabe, zeigt die Akteure noch ungezwungen: einen VW-Pressesprecher, einen ARD-Verantwortlichen, die Gewinner, teilweise noch mit Zigarette, und die Gewinne: lauter schöne, neue VW 1303, geschmückt mit Sonnensymbolen und auf den Türen das Logo der ARD-Fernsehlotterie. Ganz putzig das gebastelte Schild am rechten Bildrand: Das Parkplatz-»P« und eine Sonne, zusammen also der »Platz an der Sonne«, und das direkt an einem Abfalleimer.

Käfer Cabriolet, aber kein Karmann Cabriolet, sondern ein Werksumbau zur werksinternen Benutzung und ein wenig länger als andere Käfer – quasi ein Pullman-Cabriolet. Mit diesem Wagen wurden, ebenso wie mit einem zum Cabriolet umgebauten T2b Bus, Werksführungen für prominente Gäste durchgeführt, und der offene Langkäfer diente auch zu Promotion-Zwecken. Hier ist er in Würzburg zu sehen und trägt einen Aufkleber des dortigen Händlers VW-Spindler. Der Anlass ist die VW-Glückskäfer-Aktion 1974. Interessant: Der Wagen basiert auf einem 1303, trägt aber die Weltmeisterfelgen, die nur dem 1302-Sondermodell von 1972 zu Eigen waren. Im Werksjargon hieß er Maxi-Käfer und wurde einem breiten Publikum bekannt, weil er auf dem Bildschirm anlässlich der Fernsehlotterie »Ein Platz an der Sonne« auftrat.

Deutsches zwischen Ost und West: Der Berliner Grenzübergang Checkpoint Charlie, also eines der »Löcher in der Berliner Mauer« verband West- mit Ost-Berlin. Verboten für Bürger, benutzt werden durfte er nur von Alliierten Militär- und Botschaftsangehörigen, Ausländern, DDR-Funktionären und westdeutschen Botschaftsangehörigen in der DDR (offiziell gab es keine Botschaft, sondern eine »Ständige Vertretung der BRD bei der DDR«). Hier parkt ein rechtsgesteuerter VW 1303 mit britischer Militärzulassung vor dem Checkpoint Charlie. Es ist ein 1975er Modell mit Blinkern in den Stoßstangen in Phoenixrot L32K. Das Foto vom August 1976 zeigt den Blick von West- nach Ost-Berlin.

Bad Wildungen, der Marktplatz, im Hintergrund der Turm der Stadtkirche, im Jahre 1976. Prominent geparkt ein VW 1303 in Alaskametallic L96B neben einem diamantblauen VW 1300 aus den späten 60ern, vorne ein Ford P7b, und hinten sind ein Autobianchi A112, ein Mercedes Strich-Achter sowie, als jüngstes Auto, ein weißer Renault 20 zu sehen.

Mit Weitwinkelobjektiv subjektiv gestreckt: Hellasmetallicfarbener 1303 LS im Bestzustand in Liebhaberhand, aufgepeppt mit Stoßstangenhörnern, Tiefbettfelgen und Nebelscheinwerfern.

In Polizeidiensten eher selten war der VW 1303. Die einen setzten auf Bewährtes, die anderen auf das neue Konzept und orderten Gölfe. Aber auch während der Golf-Ära wurde noch so mancher VW 1200 mit kurzem Vorbau in Polizeidienste übernommen. Auch die Bundeswehr setzte so lange wie möglich auf den Käfer und beschaffte sogar Mexiko-Exemplare.

Und auch der 1303 rannte, wenngleich selten. Dieses von der Münchner Mahag getunte Exemplar bewährte sich auf Eis und Schnee bei einer lokalen Winterrallye im Bayerischen.

Die späten 70er waren harte Zeiten für Käfer-Cabrio-Fahrer – bevor der Hype kurz vor Produktionsende aufkam. VW-Händler hatten kein großes Interesse daran, die verbliebenen Heckmotor-VWs zu verkaufen. Wer sich im Ausstellungsraum nach einem 1303 Cabriolet oder gar einem VW 181 umsah, blickte ins Leere. Und manchmal war nicht mal ein Verkaufsprospekt greifbar. Wer ein VW 1303 Cabrio in den Jahren 1978 oder 1979 fabrikneu kaufen wollte, musste teilweise nachdrücklich fragen – um nicht zu sagen: betteln. Das Foto zeigt, wie unzeitgemäß ein 1303 Cabrio zwischen all diesen Frontantriebswagen wirkt. Aufnahme 1978.

Spaß am Käfer und Spaß mit dem Käfer – und obendrein eine gehörige Portion an Karosseriebaukunst. Wir vermissen lediglich Lemmerz-Felgen am Anhänger.

Das Szene-Cabriolet in den 80ern und 90ern: reimportierter US-1303. Angeboten wurden alle als rostfreie California Cars, tatsächlich waren etliche aber auch vom New Yorker Winter arg mitgenommene Ostküstenautos. Nicht alles, was in den USA restauriert wurde, entpuppte sich als Concours-Winner und so mancher Reimport war für den neuen Besitzer eine herbe Enttäuschung. Es waren aber auch Diamanten darunter.

Technische Daten

	1302 (L)/1303 A/1303 (L)
Produktionszeitraum	1302: Aug. 1970-Juli 1972, 1303 Aug. 1972-Juli 1975, 1303 A Aug. 1973-Juli 1974
Motor	4 Zylinder (Boxer)
Bohrung x Hub	77 x 64 mm
Hubraum	1192 cm³
Leistung	34 PS bei 3800 U/min
Drehmoment	7,6 mkg bei 1700 U/min
Verdichtung	01:07,3
Vergaser	Fallstromvergaser Solex 30 PICT-3 mit Startautomatik
Kraftübertragung	Heckmotor, Heckantrieb, Getriebe vor der Hinterachse
Getriebe	4-Gang-Stockschaltung
Karosseriestruktur	Zentralrohr-Plattformrahmen, aufgeschraubte Ganzstahlkarosserie
Vorderradaufhängung	MacPherson-Federbeine, Stabilisator
Hinterradaufhängung	Doppelgelenkachse, Schräglenker, Federstäbe quer
Lenkung	Schnecke, ab Aug. 74: Zahnstangenlenkung
Bremse	Zweikreis-Hydraulik, vo. u. hi. Trommeln
Radstand	2420 mm
Länge x Höhe x Breite	1302: 4080x1585x1500 mm, 1303: 4110x1585x1500 (L-Modell 30 mm länger)
Felgen	1302: 4 J x 15, 1303: 4½ J x 15
Reifen	5,60-15 (4 PR) oder 6,00 - 15 oder 155 SR 15
Wendekreis	10,5 m
Leergewicht	1302: 870 kg, 1303 A: 860 kg, 1303: 890 kg
Höchstgeschwindigkeit	116 km/h
Beschleunigung 0–100	32 sek
Verbrauch	10 Liter

Verkaufszahlen

Neuzulassungen in der BRD und West-Berlin	**1970**	**1971**	**1972**	**1973**	**1974**	**1975**	**1976**
VW 1302	56.206	150.703	97.295	1.453	26	8	
VW 1302 S	26.104	39.973	28.311	197	53	144	
VW 1302/1303 Cabriolet	2.109	5.874	5.305	4.252	2.585	2.075	3.208
VW 1303			30.947	106.352	37.719	4.342	89 (1303 plu 1303 S)
VW 1303 S			15.454	46.723	10.271	1.182	

1302 (L)/1303 (L)	1302 S (LS)/1303 S (LS)
1302: Aug. 1970-Juli 1972, 1303 Aug. 1972-Juli 1975	1302: Aug. 1970-Juli 1972, 1303 Aug. 1972-Juli 1975, Cabrio bis Jan. 1980
4 Zylinder (Boxer)	4 Zylinder (Boxer)
77 x 69 mm	85,5 x 69 mm
1285 cm³	1584 cm³
44 PS bei 4100 U/min	50 PS bei 4000 U/min
8,8 mkg bei 3000 U/min	10,8 mgk bei 2800 U/min
01:07,5	01:07,5
Fallstromvergaser Solex 31 PICT-3 mit Startautomatik	Fallstromvergaser Solex 34 PICT-3 mit Startautomatik
Heckmotor, Heckantrieb, Getriebe vor der Hinterachse	Heckmotor, Heckantrieb, Getriebe vor der Hinterachse
4-Gang-Stockschaltung oder Halbautomatik mit hydraulischem Wandler	4-Gang-Stockschaltung oder Halbautomatik mit hydraulischem Wandler
Zentralrohr-Plattformrahmen, aufgeschraubte Ganzstahlkarosserie	Zentralrohr-Plattformrahmen, aufgeschraubte Ganzstahlkarosserie
MacPherson-Federbeine, Stabilisator	MacPherson-Federbeine, Stabilisator
Doppelgelenkachse, Schräglenker, Federstäbe quer	Doppelgelenkachse, Schräglenker, Federstäbe quer
Schnecke, ab Aug. 74: Zahnstangenlenkung	Schnecke, ab Aug. 74: Zahnstangenlenkung
Zweikreis-Hydraulik, vo. u. hi. Trommeln, a.W. vo. Scheiben	Zweikreis-Hydraulik, vo. Scheiben, hi. Trommeln
2420 mm	2420 mm
1302: 4080x1585x1500 mm, 1303: 4110x1585x1500 (L-Modell 30 mm länger)	1302: 4080x1585x1500 mm, 1303: 4110x1585x1500 (L-Modell 30 mm länger)
1302: 4 J x 15, 1303: 4½ J x 15	1302: 4 J x 15, 1303: 4½ J x 15, a.W. 5½ J x 15
5,60-15 (4 PR) oder 6,00-15 oder 155 SR 15	5,60 15 (4 PR) oder 6,00 - 15 oder 155 SR 15 oder 175/70 SR 15
10,5 m	10,5 m
1302: 870 kg, 1303: 890 kg	1302: 870 kg, Cabrio 920 kg, 1303: 890 kg, Cabrio 940 kg
125 km/h (Automatik 120 km/h)	135 km/h, (Automatik 130 km/h)
26 sek (Automatik: 33 sek)	20 sek (Automatik 24 sek)
10,5 Liter (Automatik: 11,5 Liter)	11,5 Liter (Automatik: 12,5 Liter)

1977	1978	1979	1980	1981	1982	1983	1984	1985
4.002	5.450	6.276	274	50	29	17	10	2
7 (1303 plus 1303 S)								
							w	

WEITERE INTERESSANTE BÜCHER ZUM THEMA

Diese Bildchronik spannt den Bogen von den ersten Prototyp-Entwürfen der dreißiger Jahre über die verschiedenen Weiterentwicklungen nach dem Krieg bis hin zu den letzten Käfer-Modellen, die in Mexiko 2003 die Werkshallen verließen.
208 Seiten, 365 Abbildungen,
Format 230 x 265 mm
ISBN 978-3-613-04103-5
€ 24,90 / **€** (A) 25,60

Die bis 2003 gebaute Motor-Legende VW Käfer wurde über 20 Millionen Mal weltweit verkauft und eroberte sich einen eingeschworenen Fankreis – an diesen richtet sich dieses Buch, das die einzelnen Limousinen-Baureihen im Detail erklärt.
144 Seiten, 194 Abbildungen,
Format 170 x 240 mm
ISBN 978-3-613-04078-6
€ 16,95 / **€** (A) 17,40

Alexander F. Storz führt den Leser durch die deutsch-deutsche Automobilgeschichte von West und Ost. Mit Privatfotos der 50er bis 80er Jahre hält er dabei das echte Leben auf Deutschlands Straßen auf authentische Art und Weise fest.
208 Seiten, 200 Abbildungen,
Format 230 x 265 mm
ISBN 978-3-613-04166-0
€ 24,90 / **€** (A) 25,60

Irgendwann erwischt es jeden: Das Auto bekommt Kratzer und Beulen, und dann ist es nicht mehr ganz so schön und neu. Im neuesten Band seiner viel gerühmten Nostalgie-Bildbände widmet sich Alexander F. Storz Missgeschicken von gestern.
176 Seiten, 260 Abbildungen,
Format 230 x 265 mm
ISBN 978-3-613-04144-8
€ 24,90 / **€** (A) 25,60

Überall, wo es Bücher gibt, oder unter
WWW.MOTORBUCH-VERSAND.DE
Service-Hotline: 0711/ 78 99 21 51

Motor buch Verlag

Stand August 2019
Änderungen in Preis und Lieferfähigkeit vorbehalten